院士**解锁**中国科技

航天卷

栾恩杰 主笔

飞天神器
逐梦太空

主编单位：中国编辑学会　中国科普作家协会

中国少年儿童新闻出版总社
中国少年儿童出版社
北　京

图书在版编目（CIP）数据

飞天神器逐梦太空 / 栾恩杰主笔 . — 北京 : 中国
少年儿童出版社 , 2023.5
　（院士解锁中国科技）
　ISBN 978-7-5148-8046-5

　Ⅰ . ①飞… Ⅱ . ①栾… Ⅲ . ①航天科技 – 少儿读物
Ⅳ . ① V1-49

中国国家版本馆 CIP 数据核字 (2023) 第 077970 号

FEITIAN SHENQI ZHUMENG TAIKONG
（院士解锁中国科技）

出版发行：中国少年儿童新闻出版总社
　　　　　中国少年儿童出版社

出 版 人：孙　柱
执行出版人：赵恒峰

责任编辑：曹　靓　李晓平　王志宏	封面设计：许文会
美术编辑：朱国兴	版式设计：施元春
责任校对：夏明媛	形象设计：冯衍妍
插　　图：王红洁　杜嘟嘟	责任印务：李　洋

社　　址：北京市朝阳区建国门外大街丙12号	邮政编码：100022
编 辑 部：010-57526329	总 编 室：010-57526070
客 服 部：010-57526258	官方网址：www.ccppg.cn

印刷　北京利丰雅高长城印刷有限公司

开本：720mm×1000mm　1/16	印张：9.5
版次：2023年6月第1版	印次：2023年6月北京第1次印刷
字数：200千字	印数：1－10000册

ISBN 978-7-5148-8046-5　　　　　　　　　　定价：67.00元

图书出版质量投诉电话：010-57526069，电子邮箱：cbzlts@ccppg.com.cn

"院士解锁中国科技"丛书编委会

总顾问

邬书林　杜祥琬

主　编

周忠和　郝振省

副主编

孙　柱　胡国臣

委　员

（按姓氏笔画排列）

王　浩	王会军	毛景文	尹传红
邓文中	匡廷云	朱永官	向锦武
刘加平	刘吉臻	孙凝晖	张彦仲
张晓楠	陈　玲	陈受宜	金　涌
金之钧	房建成	栾恩杰	高　福
韩雅芳	傅廷栋	潘复生	

本书创作团队

主 笔

栾恩杰

创作团队

（按姓氏笔画排列）

王 琼 方忆平 朱 毅 李 东 李平岐 李佳威

杨 宏 沈荣骏 张 昊 张荣桥 陈 刚 林 丽

屈昌海 赵 坚 钟 华 聂 涛 贾 阳 徐 瑞

郭 睿 崔平远 梁晏祯 葛丹桐 裴照宇 廖楚江

"院士解锁中国科技"丛书编辑团队

项目组组长

缪 惟 郑立新

专项组组长

胡纯琦 顾海宏

文稿审读

何强伟 陈 博 李 橦 李晓平 王仁芳 王志宏

美术监理

许文会 高 煜 徐经纬 施元春

丛书编辑

（按姓氏笔画排列）

于歆洋 万 颐 马 欣 王 燕 王仁芳 王志宏 王富宾 尹 丽 叶 丹 包萧红

冯衍妍 朱 曦 朱国兴 朱莉荟 任 伟 邬彩文 刘 浩 许文会 孙 彦 孙美玲

李 伟 李 华 李 萌 李 源 李 橦 李心泊 李晓平 李海艳 李慧远 杨 靓

余 晋 张 颖 张颖芳 陈亚南 金银銮 柯 超 施元春 祝 薇 秦 静 顾海宏

徐经纬 徐懿如 殷 亮 高 煜 曹 靓 韩春艳

前　言

"院士解锁中国科技"丛书是一套由院士牵头创作的少儿科普图书，每卷均由一位或几位中国科学院、中国工程院的院士主笔，每位都是各自领域的佼佼者、领军人物。这么多院士济济一堂，亲力亲为，为少年儿童科普作品担纲写作，确为中国科普界、出版界罕见的盛举！

参与这套丛书领衔主笔的诸位院士表达了让人不能不感动的一个心愿：要通过这套科普图书，把科技强国的种子，播撒到广大少年儿童的心田，希望他们成长为伟大祖国相关科学领域的、继往开来的、一代又一代的科学家与工程技术专家。

主持编写这套丛书的中国少年儿童新闻出版总社是很有眼光、很有魄力的。在这些年我国少儿科普主题图书出版已经很有成绩、很有积累的基础上，他们策划设计了这套集约化、规模化地介绍推广我国顶级高端、原创性、引领性科技成果的大型科普丛书，践行了习近平总书记关于"科技创新、科学普及是实现创新发展的两翼，要把科学普及放在与科技创新同等重要的位置"的重要思想，贯彻了党的二十大关于"教育强国、科技强国、人才强国"的战略要求，将全民阅读与科学普及相结合，用心良苦，投入显著，其作用和价值都让人充满信心。

这套丛书不仅内容高端、前瞻，而且在图文编排上注意了从问题入手和兴趣导向，以生动的语言讲述了相关领域的科普知识，充分照顾到了少年儿童的阅读心理特征，向少年儿童呈现我国科技事业的辉煌和亮点，弘扬科学家精神，阐释科技对于国家未来发展的贡献和意义，有力地服务于少年儿童的科学启蒙，激励他们树立逐梦科技、从我做起的雄心壮志。

院士团队与编辑团队高质量合作也是这套高新科技内容少儿科普图书的亮点之一。中国少年儿童新闻出版总社集全社之力，组织了 6 个出版中心的 50 多位文、美编辑参与了这套丛书的编辑工作。编辑团队对文稿设计的匠心独运，对内容编排的逻辑追溯，对文稿加工的科学规范，对图文融合的艺术灵感，每每都能让人拍案叫绝，产生一种"意料之外、情理之中"的获得感。

丛书在编写创作的过程中，专门向一些中小学校的同学收集了调查问卷，得到了很多热心人士的大力帮助，在此，也向他们表示衷心的感谢！

相信并祝福这套大型系列科普图书，成为我国少儿主题出版图书进入新时代的一个重要的标本，成为院士亲力亲为培养小小科学家、小小工程师的一套呕心沥血的示范作品，成为服务我国广大少年儿童放飞科学梦想、创造民族辉煌的一部传世精品。

中国编辑学会会长

前　言

科技关乎国运，科普关乎未来。

一个国家只有拥有强大的自主创新能力，才能在激烈的国际竞争中把握先机、赢得主动。当今中国比过去任何时候都需要强大的科技创新力量，这离不开科学家创新精神的支撑。加强科普作品创作，持续提升科普作品原创能力，聚焦"四个面向"创作优秀科普作品，是每个科技工作者的责任。

科普读物涵盖科学知识、科学方法、科学精神三个方面。"院士解锁中国科技"丛书是一套由众多院士团队专为少年儿童打造的科普读物，站位更高，以为中国科学事业培养未来的"接班人"为出发点，不仅让孩子们了解中国科技发展的重要成果，对科学产生直观的印象，感知"科技兴则民族兴，科技强则国家强"，而且帮助孩子们从中汲取营养，激发创造力与想象力，唤起科学梦想，掌握科学原理，建构科学逻辑，从小立志，赋能成长。

这套丛书的创作宗旨紧跟国家科技创新的步伐，遵循"知识性、故事性、趣味性、前沿性"，依托权威专业、阵容强大的院士团队，尊重科学精神，内容细化精确，聚焦中国科学家精神和中国重大科技成就。在创作中，院士团队遵循儿童本位原则，既确保了科学知识内容准确，又充分考虑了少年儿童的理解能力、认知水平和审美需求，深度挖掘科普资源，做到通俗易懂。丛书通过一个个生动的故事，充分体现出中国科学家追求真理、解放思想、勤于思辨的求实精神，是中国科学家将爱国精神与科学精神融为一体的生动写照。

　　为确保丛书适合少年儿童阅读，院士团队与编辑团队通力合作。在创作过程中，每篇文章都以问题形式导入，用孩子们能够理解的语言进行表达，让晦涩的知识点深入浅出，生动凸显系列重大科技成果背后的中国科学家故事与科学家精神。同时，这套丛书图文并茂，美术作品与文本相辅相成，充分发挥美术作品对科普知识的诠释作用，突出体现美术设计的科学性、童趣性、艺术性。

　　面对百年未有之大变局，我们要交出一份无愧于新时代的答卷。科学家可以通过科普图书与少年儿童进行交流，实现大手拉小手，培养少年儿童学科学、爱科学的兴趣，弘扬自立自强、不断探索的科学精神，传承攻坚克难的责任担当。少儿科普图书的创作应该潜心打造少年儿童爱看易懂的科普内容，着力少年儿童的科学启蒙，推动其科学素养全面提升，成就国家未来创新科技发展的高峰。

　　衷心期待这套丛书能够获得广大少年儿童朋友的喜爱。

中国科学院院士
中国科普作家协会理事长

写在前面的话

亲爱的同学，你眼中的中国航天人是什么样子的？

相信很多同学对他们的了解都来自新闻转播画面，屏幕上的他们身穿浅蓝色大褂，表情严肃，忙碌而又有条理地操作着各种设备……不过，这仅仅是他们执行任务时的状态。他们和大家一样，平常也会说笑、也会感动。在我看来，航天人所从事的是全世界最浪漫的事业。在党中央、国务院的领导下和全国各行业的支持下，他们怀揣着航天梦，一步一个脚印地把梦想变为现实；他们用无比强烈的家国情怀，深情地拥抱广袤的星海，推动中国航天事业从无到有、从小到大、从弱到强，创造出一个又一个奇迹和辉煌。

在中国航天人的努力下，今天的中国航天事业已经驶向创新发展的"快车道"。"天宫"遨游、"北斗"指路、"嫦娥"探月、"天问"探火……在这一个个激动人心的航天成就背后，是全体航天人的辛勤付出。他们艰苦奋斗、无私奉献、追求卓越的精神值得大家去学习和发扬。

这本《飞天神器逐梦太空》是"院士解锁中国科技"丛书的"航天卷"。在编写过程中，我们以航天强国、空间技术、空间科学、空间应用的顺序进行讲述，精心挑选出知识、趣味和意义兼具的篇章主题，内容涉及我国航天发展历程、国防建设、航天运输系统、测控技术、卫星应用、载人航天、空间环境科学实验、空间环境治理等方面的新发展和新成果。特别值得一提的是，在介绍航天知识的过程中，还穿插讲述了航天各领域院士带领科研人员默默耕耘、不懈探索的故事，让读者了解和感受这些航天成就中所蕴含的科学家精神和航天精神，更加全面地展现出新时代中国航天人的精神风貌。

　　探索浩瀚宇宙，发展航天事业，建设航天强国，是我们不懈追求的航天梦。衷心希望这本书能燃起你对航天的兴趣，在心中埋下航天梦的种子。愿你以梦为马，勤奋学习，成长为能够担当民族复兴大业的时代新人！

中国工程院院士
原国防科工委副主任、国家航天局原局长

目录

逗逗变变变！

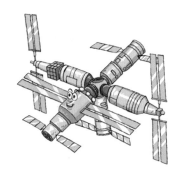

快跟着逗天一起去太空看看吧!

航天强国
是怎样炼成的?

"明月几时有？把酒问青天。不知天上宫阙，今夕是何年……"

自古以来，中国人就对浩瀚无边的宇宙充满好奇。从东方红一号人造地球卫星发射升空，到神舟五号飞船实现中国人的飞天梦，再到嫦娥一号九天揽月、天问一号造访火星，中国航天人昂首阔步，书写着中国成为航天强国的伟大奇迹，见证着中华民族伟大复兴的光辉历程。

我给你科普一下太空知识吧！

小贴士

航天，是指进入、探索、开发和利用地球大气层以外的宇宙空间和地球以外天体的各种活动。

天上宫阙是啥样子啊？

中国的航天故事要从一个人讲起，他就是享誉海内外的国家杰出贡献科学家和中国航天事业的奠基人，中国科学院、中国工程院资深院士，"两弹一星"功勋奖章获得者钱学森。

钱学森

1911年12月11日，辛亥革命爆发两个月后，钱学森在上海出生，民族危难成了他人生最初的记忆。为了救国，中学毕业的钱学森和当时许多有志青年一样，选择工科作为求学方向。1934年，23岁的钱学森完成在上海交通大学机械专业的学业，以优异成绩考取了清华大学第二届庚子赔款公费留学生资格。一年后，钱学森远渡重洋，赴美国麻省理工学院攻读航空专业硕士学位。带着为国争光的冲劲，钱学森只用一年时间就拿下了硕士学位。1936年，钱学森转学加州理工学院，成为冯·卡门最重视的学生。

在得知中华人民共和国成立的特大喜讯后，钱学森和十几名中国留学生兴奋地计划着如何早日回国。1950年夏末，在一切准备妥当后，他把800千克重的书籍、笔记本等行李装上海轮，准备举家回国。可就在这时，他被美国当局非法逮捕，连那些书籍和行李也被扣留了。美国当局的蛮横阻挡并没有锁住钱学森的归国之心。

1955年6月，钱学森摆脱特务的监视，在家书中夹带了一封求助信。很快，这封信就被转送到了周恩来总理的手上，并在一次中美两国关于侨民问题的商谈中起到重要作

钱学森的求助信

用。在中国政府的严正交涉下，美国当局最终不得不让钱学森回国。

回国后，钱学森积极参与我国火箭和空间事业的规划和团队的组建工作。他以自己渊博的知识和赤诚的爱国之心，投入我国火箭、导弹和航天器的研制工作中。在他的参与和组织下，我国先后成功发射第一枚仿制的导弹和自行设计的导弹，并在 1970 年 4 月 24 日成功发射我国第一颗人造地球卫星东方红一号。

很难想象，中国航天人只用了几十年时间就创造出如此伟大的成就！

"落后就要挨打"，这是近百年来深深刻在每一个中国人骨子里的教训。中华人民共和国成立后，在党的号召下，我国决定重点发展核弹、导弹和人造卫星等先进技术。以钱学森为代表的中国航天人扛起了重任。与钱学森一同投入航天事业的还有任新民、黄纬禄、屠守锷、梁守槃等老一辈航天人，正是有了他们的奋斗，才有了今天中国航天事业的辉煌成就。

小贴士

"两弹一星"是核弹、导弹和人造地球卫星的合称。1999 年 9 月 18 日，在中华人民共和国成立五十周年之际，党中央、国务院、中央军委隆重表彰为中国"两弹一星"事业做出突出贡献的 23 位科技专家，并授予他们"两弹一星"功勋奖章。

的确,在中华人民共和国成立之初,人们所面对的是个一穷二白、千疮百孔的烂摊子。那时,中国的航天事业刚刚起步,工业十分落后,别说火箭和卫星,就连汽车都造不出来。

那么,中国航天人是怎样克服困难,创造研究和试验条件的呢?下面这个故事应该会给你一些启发。

1969 年的一天,航天部门接到一项十分重要的工程任务——研制潜艇发射导弹。这个工程的厉害之处,就是能用潜艇把核弹运到敌方附近,如果他们胆敢侵略我们的家园,我们就可以随时还以颜色。他们的工作地点位于内蒙古自治区呼和浩特市的远郊,工作环境非常艰苦,甚至连个像样的试验台都没有。负责这项工作的栾恩杰想到一个"土办法",他与战友们一道找木工做了个试验台,然后把车床的转动部分卸下来,用它作为台子的回转部件,模拟潜艇的方位摇摆。这种情况在整个工程开展过程中比比皆是:没有试验场,他们就到南京长江大桥进行各种导弹出水和落水试验;没有试车台,他们就挖个土坑,让固体发动机的机

没有实验设备,咱们就自己造!

头朝下进行试验；没有大型计算机，他们就用计算尺、手摇计算机、电动计算机、模拟计算机进行计算。栾恩杰院士回忆当年的工作时，说："那时候不是等所有条件都具备了再开始工程的实施，而是有条件上，没条件创造条件也要上。"

大家住着"干打垒"的土房，吃着玉米面做的"钢丝面"，喝着满是沙子的水，一步一个脚印地搞科研。大家抱着必胜的信念，硬是圆满完成了这项重大工程任务。

时代在发展,航天技术也在不断进步。当人们对航天的认识还停留在运载火箭和人造卫星时,已是国家航天局局长的栾恩杰提出"大航天"概念,第一次明确把空间技术、空间应用和空间科学纳入国家航天发展规划体系,把航

老一辈航天人在工作中遇到了很多困难,但他们自力更生,艰苦奋斗,克服诸多困难,为如今中国航天事业的辉煌成就打下了坚实基础。你还知道哪些老一辈航天人的奋斗故事呢?

天事业从工业领域扩展到了海陆空天领域。在他的倡导和组织下,我国发布了首部航天白皮书——《中国的航天》。他也因此被人们誉为首次揭开中国航天神秘面纱的人。进入 21 世纪以来,我国航天事业不断刷新纪录,走上了创新发展"快车道",空间科学、空间技术、空间应用全面突破,航天强国建设迈出坚实步伐。

敢于战胜一切艰难险阻,勇于攀登航天科技高峰,这既是中国航天不断发展前进的动力,更是航天强国在奋斗中淬炼成金的原因。希望你好好学习,好好成长,长大后成为咱们中国航天事业的参与者、建设者,让航天器载着你的梦想,探索更遥远的星空,放飞更好用的卫星,构建更强大的国防力量。

提到火箭发射，你最先想到的场景是什么样的？是人头攒动的飞行控制中心，是高耸入云的发射架，还是吐着白烟、蓄势待发的火箭呢？

在许多同学看来，火箭只能从地面发射。事实真的是这样吗？不是的。

随着航天技术的发展，人们对火箭有了更高的期望和更多的要求。大家熟悉的地面发射虽然能够满足多种型号火箭的发射要求，但受到发射场所在地点和配套运输能力等的限制，还是不能满足人们对于发射的多种要求。于是，人们研究发展出在空中和水中发射火箭的技术。

在空中发射火箭，就是用飞机把火箭运送到高空后，将火箭释放，火箭在空中点火，飞向预定轨道。在水中发射火箭，是用潜艇把火箭运送到指定水域后，在水中释放火箭，让它飞向预定轨道。

空中点火，发射！

拜拜啦，降落伞。

在空中发射火箭不难理解,火箭在水中怎么点火起飞呢?

问得好!从潜艇中释放出火箭后,火箭首先会进入水中,然后跃出水面,进入空中,这才开始飞行。我们知道,火箭在水中航行和在空中飞行时受到的力是不一样的,怎样才能让火箭同时具备在水中航行和在空中飞行的本领,并能精确控制火箭的速度、方向、角度以及点火时机呢?这对航天人来说可是不小的挑战。从技术上看,从水中发射火箭要比从地面和从空中发射火箭复杂得多。

小贴士

通常情况下,水的密度是空气的近800倍,所以火箭在水中航行时会受到巨大的压力和阻力。

在水里我一样能发射!

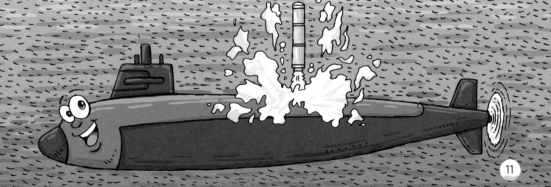

不难想象,设计制造这种能在水下发射的火箭是一项非常庞大的系统工程,它不仅考验一个国家的科技水平和经济实力,更考验这个国家发展这项技术的决心。迄今为止,全世界能够独立发展并掌握这项技术的国家只有少数几个。让我们自豪的是,早在20世纪80年代,咱们国家就已经拥有这项技术,并开始应用了,那就是巨浪一号潜地导弹。

提到巨浪一号潜地导弹,就让人忍不住要说一说它那极不平凡的研制历程。

20世纪70年代初,世界两大军事集团对我们国家实施封锁和禁运,使得我们国家只能通过报纸、广播等渠道来了解世界科学技术的发展情况。在得知一些国家已经研制出从水中发射火箭这项技术后,周恩来总理当即指示,我们国家也要迅速开展这方面的研究。黄纬禄院士临危受命,接手新型运载火箭和导弹的研制工作,成为巨浪一号潜地导弹的总设计师。

导弹是一种武器,它们利用自身的动力装置(火箭发动机、喷气发动机等)推进,由控制系统来控制飞行方向。按照发射点与目标位置来分,导弹可以分为地地导弹、地空导弹、岸舰导弹、空地导弹、空空导弹、空舰导弹、舰地导弹、舰空导弹、舰舰导弹、潜地导弹、潜空导弹、潜舰导弹等。巨浪一号是一种潜地导弹,它由潜艇在水下发射,能攻击地面的固定目标。

潜地导弹具有机动性强、隐蔽性较好和火力强大等优点,可谓作战神器,当时是尖端科技和强大军事的重要标志之一,世界上只有少数几个国家拥有这种武器。可是,要研制巨浪一号谈何容易啊,科研人员必须保证这种导弹在结构、动力和控制等各方面都符合水下发射的要求。比如在导弹发射时,如果直接打开发射筒盖点火发射,水就会倒灌进发射筒,造成导弹点火失败,无法发射。为了解决这个问题,工程师在发射筒盖上设计安装了一副可以阻止水倒灌进发射筒的隔膜。这样,导弹在点火后,就会在一级火箭的助推下冲出隔膜,跃出水面,然后二级火箭再点火加力,让导弹飞向预定轨道。

小贴士

你知道吗?为了保证潜地导弹在水中和空中都能稳定飞行,潜地导弹的头部被设计成了钝头。

13

相比其他火箭或导弹，潜地导弹的试验程序十分复杂。必须通过大量水下试验（比如小比例模型水池静态发射试验，全尺寸模型水下动态发射试验，全尺寸实物水下静态发射试验等），得出一系列关键的数据后才能定型。可是，那时我们国家既没有资料，也没有经验，更不可能向别的国家寻求帮助，怎样才能把研制潜地导弹的任务进行下去呢？

经过一段时间的预研攻坚后，黄纬禄院士提出"先陆上再水下"的工作路径，并按照这个原则，带领研制团队为巨浪一号设计了"台、筒、艇"三步走的研发路线，就是先在陆上发射台进行导弹发射，然后把导弹装入发射筒，模拟水下发射环境进行发射，最后把导弹直接安装到潜艇上进行水下发射。这种研发路线在全世界绝无先例，不仅减少了试验环节，还成功克服了经费紧张和缺乏试验条件的困难，极大降低了试验成本。后来，人们经过实际测算，发现采用黄纬禄院士提出的这种研发路线，所使用的研发经费比其他国家的研发经费少了几十亿元！

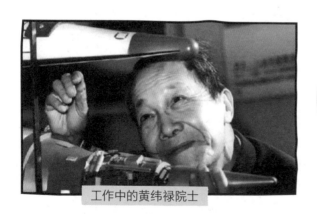

工作中的黄纬禄院士

换了一个研发路线，居然可以为国家节省这么多经费，黄纬禄院士真是太厉害了！

17年磨一剑,1982年10月12日,在平静的渤海海面上,巨浪一号潜地导弹从水中一跃而起,直奔苍穹。正在腾飞的巨浪一号仿佛化身为神话故事里的水中蛟龙,飞入云霄。10分钟后,喇叭里传来令人振奋的

巨浪一号发射升空

声音:"末区发现目标!""弹头命中预定海域!"

"有问题共同商量,有困难共同克服,有余量共同掌握,有风险共同承担",这正是黄纬禄院士处理棘手技术问题的方法。在讨论工作时,他鼓励大家要从各自不同的角度,充分发表自己的意见和看法,集思广益,扬长避短,这样才能把方案定得比较正确,把问题解决得比较合理。这套方法被航天科研人员沿用至今,并奉为解决问题的"金科玉律"。

作为总设计师,我首先要承担责任.

"铸蓝天利剑，锻深海蛟龙。"经过几代航天人的艰苦奋斗和无私奉献，如今，我们国家已经装备了巨浪系列、东风系列等多种型号导弹，它们就像一把把利剑，一刻不停地守护着我们的祖国。

正在捧读这本书的同学，你的航天梦是什么呢？希望你从现在开始就朝着这个梦想努力奋斗，长大后成为航天队伍中的一员，成长为保卫国家安全、建设航天强国的栋梁之材！

1970 年 4 月 24 日，东方红一号卫星从我国酒泉卫星发射中心发射升空，中国成为继美、苏、法、日之后第五个能制造和发射人造卫星的国家。这激动人心的一刻，至今令人鼓舞。

随着航天事业的不断发展，时至今日，人们对火箭发射场景早已不陌生，一颗又一颗人造卫星被送上太空，成为人们生产生活中不可或缺的一部分。

火箭是怎么把卫星送上太空的？

你也许会想，火箭飞得那么快，只要它竖直向上一直飞，就可以飞到太空，然后放出它携带的卫星啦。

大家都知道，地球对周围的一切都有引力作用，火箭要摆脱地球的引力进入太空，可没有那么容易。不过，随着科技的不断发展，人们发现，飞行器的飞行速度达到第一宇宙速度，就能克服地球引力的束缚，进入太空。

小贴士

人们把物体在地面附近绕地球做匀速圆周运动的速度称为第一宇宙速度。通过力学理论可以计算出第一宇宙速度约为 7.9 千米每秒，也就是 28440 千米每小时，比一般小汽车的速度快 300 多倍。

在高速公路上飞驰的小汽车，最快速度是 120 千米每小时；民航飞机的飞行速度也只有约 1000 千米每小时，它们的速度都远小于第一宇宙速度。在人类发明的各种交通运输工具中，目前只有火箭可以达到这样的速度，这也是只有火箭才能把卫星送入太空的原因。

火箭为什么能飞得这么快呢？

我们先从火箭是怎样发明出来的说起吧。火箭最初是由中国人发明的。早在南宋时期，中国就出现了利用火药燃烧来推进的火箭。

明代的万户更是做出手举两
只大风筝，借助火药燃烧产
生的推力实现飞天的壮举。

后来，英国物理学家牛顿通过不断
研究，发现了牛顿第三运动定律，
它描述了物体运动的一个重要规
律，那就是：相互作用的两个物体
之间的作用力和反作用力总是大小
相等，方向相反，作用在同一条直
线上。而现代火箭就是利用推进剂
燃烧喷出的高温高压气体的反作用
力，来推动火箭飞行的。

　　为了让火箭达到第一宇宙速度，科学家们想了许多办法，比如
把火箭设计成逐级加速的多级火箭，选用效能更高的火箭推进剂，
研制能产生更大推力的火箭发动机，尽可能降低火箭的质量等。

我们来看看把卫星送上太空的运载火箭，到底是什么样的吧。

箭体结构是火箭的骨架，要把更大、更重的航天器送入太空，就必须在确保箭体结构可靠的基础上尽可能降低火箭的质量。

动力系统相当于火箭的心脏，火箭发动机喷出的高温高压气体，可以为火箭持续提供强劲的推力。

电气系统就像火箭的神经系统，既有控制火箭稳定沿着轨道飞行的神经中枢——飞行控制模块，又有监测火箭是否工作正常的神经末梢——测量和健康监测模块。

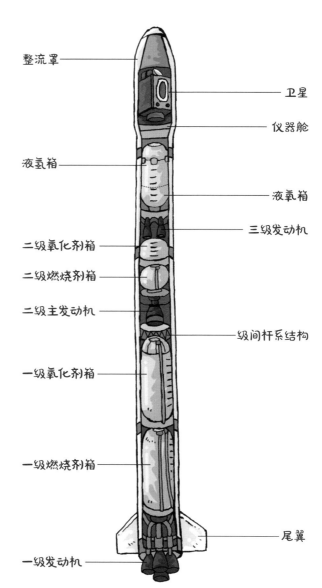

整流罩

卫星

仪器舱

液氢箱

液氧箱

三级发动机

二级氧化剂箱

二级燃烧剂箱

二级主发动机

级间杆系结构

一级氧化剂箱

一级燃烧剂箱

尾翼

一级发动机

努力把火箭造得更轻, 为降低每一克质量而奋斗, 助力火箭飞得更快、消耗的燃料更少, 这是每一位火箭工程师孜孜以求的目标。比如, 长征五号运载火箭的推进剂贮箱直径为5米, 为了减轻火箭的重量, 其最小壁厚仅有3.5毫米, 如此薄的贮箱壁能够承受住巨量的推进剂吗? 研制长征五号运载火箭的工程师们反复研究、试验, 他们受到易拉罐的启发, 尝试给贮箱内部增加压力。最终, 在火箭飞行时, 贮箱承受住了各种力量。正是大家这种"斤斤计较"的精神, 驱动着我国运载火箭技术大步向前迈进。

经过半个多世纪的发展, 我国长征系列运载火箭已拥有22型运载火箭, 其中既有"光杆火箭", 又有"捆绑火箭", 同学们熟悉的"神箭"——长征二号F运载火箭、"胖五"——长征五号运载火箭就在其中。

这主要是因为运载火箭承担的运输任务是多种多样的。如果我们把运载火箭比作汽车, 那么, 卫星、飞船、探测器、航天员就是车上的乘客。这些乘客不仅质量和个头儿千差万别, 运载要求也各不相同，因此就要研制最适合乘客的那辆车。

比如，要把搭载航天员的神舟系列载人飞船送上太空，所用的火箭必须能保障航天员的绝对安全。长征二号 F 运载火箭就是专门为运送载人飞船设计的，这型火箭的关键设备采用能够提高运载可靠性的冗余容错设计，还专门设计了故障检测与逃逸系统，如果发生异常状况，它能快速对故障进行检测，必要时，航天员可以通过逃逸系统离开火箭。

为了满足月球采样返回、载人空间站工程建设的需求，航天工程师们专门研制了新一代大型运载火箭——长征五号和长征五号 B 运载火箭，它的最大特征就是块头大、个子高、力气足，这样，才能把月球车和巨大的空间站舱室送上太空。

为了实现航天强国的目标，支撑中国的科学探索、国防建设、国民经济建设，航天工程师们正在研制新一代运载火箭，让我们国家的运载火箭更加智能、更能载重、更有效率。将来，运载火箭还能重复使用，让人们进入太空就像乘坐汽车一样便捷、舒适，而且可以大大节省成本。

火箭工程师们正在研究智能化的健康监测和飞行控制重构模块，这种模块不仅能随时对运载火箭的运行状况进行"体检"，还能及时进行"治疗"，重新规划轨道，尽可能降低运载火箭发生故障的影响，可以说是运载火箭的专属"医生"。

如今的长征火箭家族，已形成覆盖各种轨道、固液并存、种类齐全的运载火箭系列，为中国航天战略性产业发展提供了广阔的空间，推动了中国卫星以及载人航天技术的发展。期待同学们长大后加入航天队伍，成为光荣的中国航天人，让中国人在探索太空的征途上走得更远更稳！

2020年7月23日中午，海南文昌发射场海风轻拂，晴空万里。重达870吨的大型运载火箭——长征五号矗立在发射台上，蓄势待发。12时41分，伴随着惊天动地的轰鸣声，长征五号运载火箭搭载着天问一号火星探测器腾空而起，直冲霄汉。

顷刻之间，长征五号越飞越高，越飞越远，越飞越快，当火箭把探测器送入飞往火星的轨道时，竟达到了第二宇宙速度！

火箭氧化剂：液氧　　火箭燃料：液氢

这是我带的液氢燃料，它会产生很多的能量。

火箭发动机

小贴士

人们把脱离地球引力的最小速度称为第二宇宙速度。通过力学理论可以计算出第二宇宙速度约为11.2千米每秒，也就是40320千米每小时。按这个速度计算，从北京到上海只要不到2分钟时间。天问一号正是达到了这种速度，才能挣脱地球引力的束缚，向着火星进发。

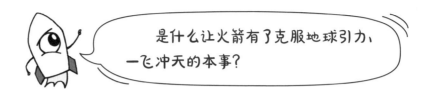

是什么让火箭有了克服地球引力、一飞冲天的本事？

我们熟悉的交通工具——汽车、轮船和飞机，是靠发动机来提供动力的，它们的发动机都要依靠燃油和在空气中大量存在的氧化剂——氧气燃烧释放出的能量来工作。火箭也靠发动机来提供动力，它同样是通过燃料与氧化剂燃烧来获得推动火箭飞行的能量的。不过，火箭发动机有独特的地方——火箭进入太空后就一直处在真空环境中，那里没有氧气可以利用，所以火箭不仅要带足燃料，还得自备氧化剂。

你可能想不到,燃料和氧化剂的质量占火箭体重的 90% 以上。就拿长征五号运载火箭来说吧,它有 4 个巨大的助推器,每个助推器里都装着超过 40 吨的航天煤油和超过 100 吨的零下 180 摄氏度的液氧。在火箭芯级中,有超过 500 立方米的零下 252 摄氏度的液氢(可燃烧)和零下 180 摄氏度的液氧。

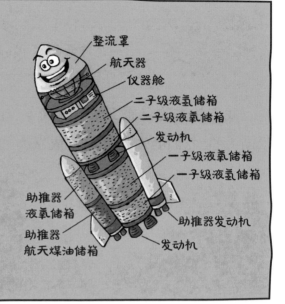

- 整流罩
- 航天器
- 仪器舱
- 二子级液氢储箱
- 二子级液氧储箱
- 发动机
- 一子级液氧储箱
- 一子级液氢储箱
- 助推器液氧储箱
- 助推器发动机
- 助推器航天煤油储箱
- 发动机

你可能注意到了,每次火箭发射的时候,都有一个重要环节,就是燃料和氧化剂加注。这一步完成之后,接下来,就是最激动人心的时刻了——点火倒计时,10、9、8、7、6……

什么是点火呢?

点火要按顺序一步一步来.

所谓点火,就是有序点燃火箭发动机中的燃料和氧化剂。燃料和氧化剂会在发动机燃烧室中剧烈燃烧,产生大量高温高压气体。紧接着,这些气体猛烈地从发动机尾部向后高速喷出,产生磅礴的推力,托举火箭腾空而起。同学们可以把火箭喷出气体想象成气球咝咝泄气。吹气球的时候，把气球吹得越大，气球内部的气压就越大，一旦松开气球口，喷出气体的速度就会越快。同样，如果让火箭发动机燃烧室的气体压力更大，喷出气体的速度就会更快，火箭就能把更大、更重的航天器送到更远的地方。

哇! 气球变"火箭"啦!

汪汪汪!

怎么让火箭发动机燃烧室的气体压力更大呢?

一个利器是涡轮泵，当燃料和氧化剂通过涡轮泵中旋转的叶片时，压力就会被大幅提高。另一个利器是名为拉瓦尔喷管的装置，它是一种外形为先收缩后扩张的管道。当燃料和氧化剂燃烧产生的大量高温高压气体经过拉瓦尔喷管喷射而出时，速度可达 3000 米每秒。你看，涡轮泵和拉瓦尔喷管"强强联合"，使得火箭发动机能够喷出熊熊烈焰，从而推动火箭高速前进。

火箭发动机喷口

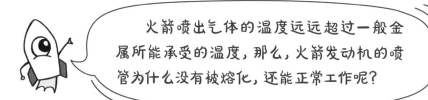

　　如何让火箭发动机的喷管不会被火焰和高温气体熔化掉,确实是一个大难题。为了解决这个难题,工程师们经过长时间研究和摸索,想出了一个巧妙的办法,他们把火箭发动机的喷管壁设计成双层结构,然后在两层之间通入冷却剂,把火焰和高温气体的热量带走一部分,这样就能确保喷管不被熔化了。

　　光是解决火箭发动机喷管的问题就这么复杂,要研制一台性能优异的火箭发动机就更不容易了,有很多更加复杂的难题需要解决,

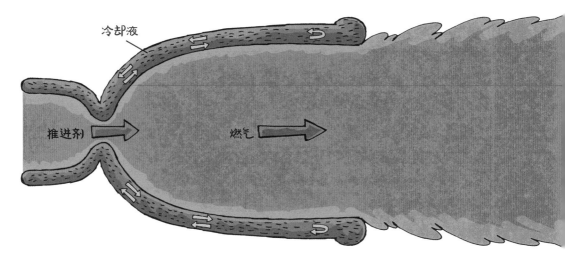

冷却液

推进剂

燃气

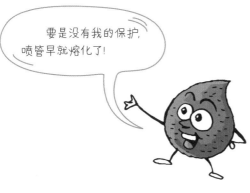

要是没有我的保护，
喷管早就熔化了！

比如如何制造出一台既能产生
磅礴推力又能严格控制重量的
发动机，如何设计出最合理的火
箭发动机结构，如何找到最适合
火箭发动机的零部件材料，怎样
制造发动机才能既保证效率又
保证质量，等等。

火箭发动机

随着航天技术的发展，航天科技人员已经研制出大大小小数百种火箭发动机。如今，最大的液体火箭发动机的推力已超过700吨，而最大的固体火箭发动机的推力更是超过1500吨。正是在这些火箭发动机的推动下，人造卫星和各种航天器才得以离开地球，载着人类的梦想飞上太空，去探索广阔宇宙。

向着太空，冲啊！

3、2、1，点火！

了解完火箭发动机的奥秘，我们继续点火倒计时吧，3、2、1，点火！

让我们在火箭发动机的推动下，跟随运载火箭一起，踏上探索神秘太空的旅程吧！

为了更好地探索太阳系,甚至是更加遥远的宇宙,一些国家向宇宙派出了"访问者"——不同类型的探测器,比如我国派往火星的天问一号探测器。

你可能会问,火星离我们那么远,天问一号要多久才能飞到火星呢? 我们可以简单地计算一下: 天问一号的平均飞行速度约为9.78 万千米每小时,飞行路程约为 4.747 亿千米。我们知道,时间等于路程除以速度,这样,算出来的结果大约是 4854 小时,一天是24 小时,所以天问一号得飞上 202 天才能到达火星。

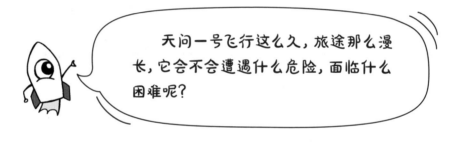

天问一号飞行这么久,旅途那么漫长,它会不会遭遇什么危险,面临什么困难呢?

你的担心是有道理的,天问一号面临的一个大难题就是: 在漫无边际的茫茫太空中,如何找到正确的飞行方向?

航天工程师们早就仔细研究过这个问题,而且找到了解决问题的好办法。他们让天问一号在飞行时不断通过无线电向地面测控站发回信号,用来计算航行速度、距离和角度等参数,进行比对和计算后,再把调整飞行轨道和姿态的指令发给天问一号。它接收到地面发来的指令后,会在计划的时间点按照指令调整飞行轨道和姿态。在地面测控站的密切监控下,天问一号就像有个机敏的驾驶员一样,能够在正确的航线上前进,准时到达火星。

> 天问一号越飞越远，会出现信号传输时延问题，这可怎么办呢？

这个问题听起来就很难，什么是信号传输的时延？

要弄清楚这个问题，先要从无线电的传播速度说起。无线电是个超级飞毛腿，一秒钟就可以跑出大约30万千米，和光跑得一样快。要知道，这可是宇宙中最快的速度了。所以，距离不算太远的情况下，我们根本感觉不到无线电传播还要花时间，但是，对于火星探测这种需要超远距离信号传播的任务来说就不一样了。比如，天问一号在火星上着陆时，和地球的距离有3.2亿千米，相隔这么远，无线电信号从地面跑过去大约得花上18分钟。也就是说，地面人员根本无法实时监测和控制天问一号，它只能"自力更生"。想想看，航天工作者们得多担心啊！

大口径天线能改善远距离信号传输能力变弱的问题

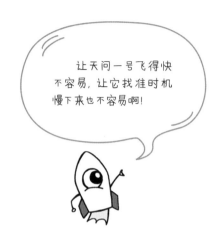

让天问一号飞得快不容易，让它找准时机慢下来也不容易啊！

天问一号一路奔波，飞行速度很快，如果它用这样的速度靠近火星，火星的引力根本没法捕获它（想想看，火箭不就是要飞得足够快，才能够摆脱地球的吸引吗？）。而且，就算火星能够捕获它，它这么快地投入火星的怀抱，也得撞得粉身碎骨啊！说到这里，你一定想到解决问题的办法了，对，就是指挥天问一号减速。

可是，我们已经知道了，地面上发出的指令，要大约18分钟才能被天问一号接收到，这很可能让天问一号错过最佳调整飞行速度和姿态的时机。

这可怎么办？对了，前面说过，可以让天问一号"自力更生"嘛！

航天工作者们经过一系列攻坚战，让天问一号可以自主测量、自主判断、自主控制，这样，它就可以自主完成刹车、减速和着陆等一系列动作了。

天问一号用自己的力量，就能轻松着陆吗？

好事多磨，天问一号着陆过程中还要经历所谓的"黑色9分钟"，也就是最容易"出事"的时间段。这9分钟指的是从它进入火星大气层开始，到降落在火星表面为止的9分多钟。其他国家发射的火星探测器，就有一些在这个阶段发生了事故。

为了让天问一号着陆巡视器可以平安着陆，在张荣桥总设计师的带领下，航天工程师们精心设计了一套"组合拳"——四级减速着陆方案。

先是气动减速。天问一号着陆巡视器利用火星大气的阻力来

真是大开眼界！

气动减速效果图

降低下落速度。当然，在这个过程中，着陆巡视器会与火星大气发生剧烈摩擦，产生大量的热。为了避免被烧毁，航天工程师们把着陆巡视器的外壳设计成球锥状，这样既能让着陆巡视器安全穿越火星大气层，又能尽量利用火星大气阻力进行减速。

当着陆巡视器的速度降到 460 米每秒以下时，气动减速的效果就不明显了，这时，着陆巡视器迅速启动第二级减速——伞系减速，借助降落伞提供的阻力来降低飞行速度。航天工程师们经过反复研究和计算，为着陆巡视器定制了一副巨大的降落伞，它采用特纺材料和插接工艺，是一种锯齿形的"盘—缝—带"伞，展开后的截面积足有半个篮球场那么大。有了它助力，着陆巡视器就能逐渐把飞行速度降到 100 米每秒以下。

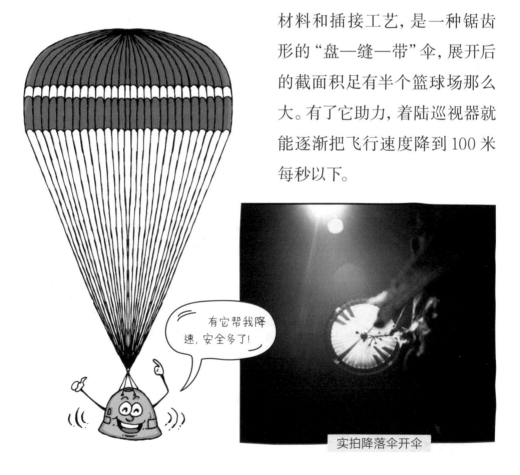

有它帮我降速，安全多了！

实拍降落伞开伞

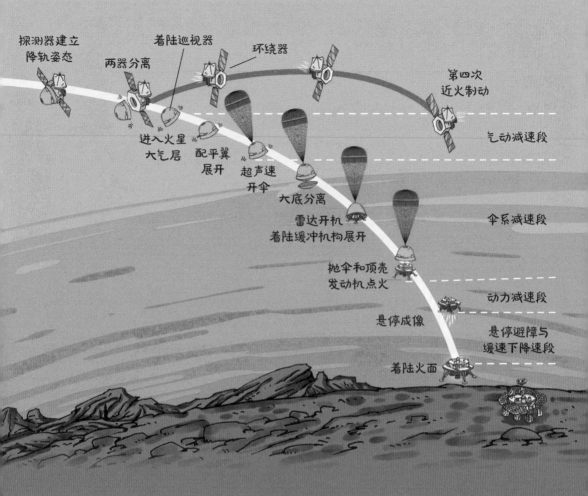

探测器建立降轨姿态

两器分离

着陆巡视器

环绕器

进入火星大气层

配平翼展开

超声速开伞

大底分离

雷达开机着陆缓冲机构展开

抛伞和顶壳发动机点火

悬停成像

着陆火面

第四次近火制动

气动减速段

伞系减速段

动力减速段

悬停避障与缓速下降速段

　　可是，这个速度还是不够慢。航天工程师们还有其他办法，就是让着陆巡视器在打开降落伞并进入平稳下降状态后，完成抛掉底壳、打开速度和距离测量设备、展开着陆缓冲机构等一系列动作。接着，着陆巡视器抛掉降落伞和顶壳，启动主发动机，让发动机朝下降方向点火，产生反向推力，进行减速。这属于第三级减速过程——动力减速。在距离火星表面约100米时，着陆巡视器会在空中悬停，仔细观察着陆区域的地形地貌，一边缓慢地平移到安全着陆点上方，一边继续降低高度。

祝融号火星车是通过着陆平台伸出的滑轨来到火星表面的。

实拍着陆平台立于火星表面

最后一级减速是着陆缓冲。为了让着陆巡视器正直、平稳、安全地降落到着陆点，航天工程师们给它安装了4组充填了特殊材料的着陆腿和帽型足垫，在触地时起到缓冲作用，同时也防止在火星表面过度下陷。当着陆腿接触到火星表面时，主发动机会立即关闭，确保着陆巡视器平稳着陆。

看到这里，你一定会感慨：天问一号着陆火星太不容易了！的确如此。它成功着陆于火星，是我国航天史上新的里程碑，标志着我国已经掌握了安全着陆火星的一系列复杂技术。未来，你愿意加入中国航天人的队伍，攻坚克难，探索太空更多的奥秘吗？

欢迎你们！

我们长大了也要当航天员！

怎么让航天员能在太空中长时间生活？

"好，大家看镜头……3、2、1……茄子！"

合影拍好啦！

我们都喜欢用合影来记录自己美好的生活和经历。多年以后，当我们回看一张张合影时，仿佛一下子回到照片中的情景，唤起一段又一段难忘的记忆。

这张照片就是一张足以载入史册的合影，它是在 2022 年 11 月 30 日拍摄的。照片中，神舟十五号乘组和神舟十四号乘组的 6 位航天员在中国空间站"会师"，他们相互拥抱庆祝，在中国人自己的太空家园里留下了这张合影。两个乘组完成交接仪式后，中国空间站正式开启长期有人驻留模式。

看到这里，你也许会问，中国空间站运行在距地面 400 千米以外的轨道上，那里就像一座远离大陆的孤岛，不仅没有食物和

水源，连空气都十分稀薄。航天员怎么在这座太空"孤岛"上长时间生活呢？

和无人航天器不同，载人航天器必须给航天员提供氧气、水和食物等生存保障，让航天员能在适宜的温度、湿度、压力和噪声环境下生活。这些在地面上来说都是司空见惯的"小事"，在太空中要实现可不容易。

在早期的载人飞行任务中，航天器要带上航天员在太空工作、生活需要的氧气、水和食物，又麻烦又费钱。后来，随着载人航天技术的一步步发展，科研人员开发出再生生命保障系统，这套系统可以循环利用水和氧气，让航天员能够长时间在太空中生活。

再生生命保障系统是实现航天员从短期飞行到长期在轨驻留的关键性技术，主要由电解制氧、二氧化碳去除、微量有害气体去

除、尿处理、水处理、二氧化碳还原6个子系统组成，它们相互匹配、有机结合，通过物理和化学的方法，对汗液、尿液、水汽、二氧化碳等航天员的代谢物进行回收再利用，使密封舱内的空气和水能够再生。

　　这套系统既能保障航天员在轨安全和健康，还能减少运营补给。就拿航天员每天离不开的饮用水来说吧，再生生命保障系统能够把航天员排出的尿液和空间站空气中的水汽收集起来，然后通过一系列净化和消毒过程，生产出可以饮用的纯净水。

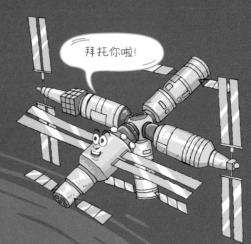

小贴士

　　向太空"孤岛"运送一趟货物的开销可不小。有人测算过，使用货运飞船向空间站运输货物，每千克货物的运费高达58000美元！

再生生命保障系统的6个子系统都发挥着怎样的作用呢？

电解制氧子系统：利用化学方法，把水分解成氧气和氢气，然后把氧气供给航天员呼吸，把氢气储存起来，用于其他用途。

二氧化碳去除子系统：利用吸附剂或者化学反应的方法，把航天员呼出的二氧化碳从空气中去除掉，然后把二氧化碳储存起来，用于其他用途。

微量有害气体去除子系统：利用活性炭、催化剂等材料，把空气中的甲醛、苯、甲苯等微量有害气体去除掉，保证空气的质量。

尿处理子系统：利用蒸馏或者反渗透等方法，把航天员排出的尿液中的水分提取出来，进行净化和消毒，变成可以饮用的纯净水。

水处理子系统：利用过滤或者紫外线照射等方法，把从其他子系统收集到的水进行进一步的净化和消毒，保证水的质量。

二氧化碳还原子系统：利用催化剂或者生物反应器等，让收集到的二氧化碳和电解制氧子系统产生的氢气进行化学反应，获得水和其他有机物。

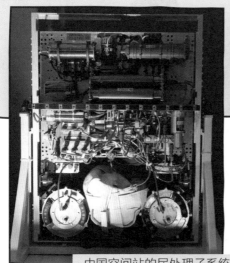

中国空间站的尿处理子系统（左）和水处理子系统

说起再生生命保障系统的研制，可真是不容易，科研人员就像闯关一样，要攻克一个又一个难题。比如，在研制过程中，科研人员发现，水和气体在微重力条件下是混合在一起的，要把它们分离开来，必须用到一种膜材料。可是，现有的膜材料都不能满足空间站的技术要求，怎么办？摆在科研人员面前的只有一条路——自主设计制造。

起初，科研人员设计制造的膜材料总是无法满足设计要求。到底哪里有问题呢？大家查找前沿论文、请教资深专家，在经历了一次又一次的失败后，终于研制出了新型结构膜材料。这种膜材料的寿命和最初研制出来的材料相比提升了 10 倍左右，而重量只有最初的四分之一。

别灰心，咱们一定能成功！

在我国载人航天工程发展的过程中，像这样攻坚克难、自主创新的事情还有很多很多。

王永志院士是我国载人航天工程的首任总设计师，是我国载人航天工程的开创者之一和学术技术带头人。1992年9月21日，中国载人航天工程立项。从接到任命那天起，王永志就带领大家默默奋战。为了保证万无一失，又不给国家增加负担，王永志把飞船实验分解成相同条件下的模拟实验，在实验过程中发现并解决了很多问题。在神舟一号飞船发射前，仅飞船返回地面的模拟空投实验就做了59次。

2003 年 10 月 16 日 6 时 23 分，神舟五号载人飞船成功返回地面。当王永志院士看到航天员杨利伟走出舱门向人们挥手致意时，他热泪盈眶。他说："11 年来，我们这支航天队伍呕心沥血，顽强拼搏，不顾自己的一切，为的就是这一天、这一刻。我为沉着果敢的杨利伟而自豪，我为不负使命的这支队伍而自豪，我为祖国而骄傲！"

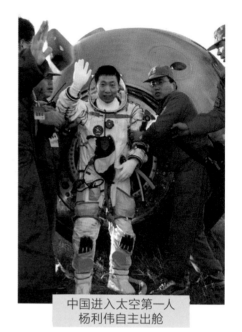

中国进入太空第一人杨利伟自主出舱

"神舟飞船遨苍穹，伟大精神贯长虹。" 30 年间，中国航天人不懈努力、接续奋斗，不仅建立起独立自主、完整配套的工程体系，实现了从无人到有人、从短期到长期、从舱内到舱外、从单船飞行到大型复杂空间组合体运行的重大跨越，还铸就了特别能吃苦、特别能战斗、特别能攻关、特别能奉献的载人航天精神。随着航天技术的发展，再生生命保障系统还有很多需要继续改进和完善的地方，科研人员正夜以继日地探索和创新，要让航天员在太空里生活得更加安全和舒适。未来，中国航天事业一定会取得更大的发展，或许，航天人的队伍中也有你的身影呢。

常言道，"人吃五谷生百病"，我们的身体难免出现各种各样的问题。为了及时掌握身体健康状况，我们会定期进行体检，请医生检查我们的心率、血压、血液等状况，这样就能及时发现自己身体出现的问题，防患于未然。

你知道吗？在太空中工作的空间站，也像我们一样要定期进行体检呢。

空间站要在真空和微重力的太空环境中运行很长时间，由于缺少地球大气的保护，它要承受超过 200 摄氏度的温度变化和强烈的太阳风照射。为了让空间站在如此恶劣的环境下正常运行，科学家

要像医生一样，定期给空间站体检，这样可以及时发现问题，尽早处理。

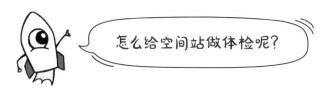

怎么给空间站做体检呢？

就拿给中国空间站做体检来说吧，这可不是一件容易的事。航天工作人员可不能像中医那样，和空间站面对面地进行"望、闻、问、切"，他们只能借助天地信息传输网络，给远在距离地面400多千米的空间站进行体检。在《西游记》里，有一段故事是讲孙悟空给朱紫国国王"悬丝诊脉"，看他得了什么病。航天工作人员给空间站做体检，和孙悟空用的办法有点儿类似，不过，他们用的"丝"是看不见、摸不着的无线电波。

　　还有一个问题就是，给空间站做体检的时候，要检查哪些项目或者指标呢？其实，早在设计建造空间站时，航天工作者们就考虑到了这个问题，把空间站的太阳翼发电情况、天地通信情况、飞行姿态、设备温度，以及空间站内空气成分、温度、湿度、压强等，确定为判断空间站是否正常运行的重要指标。

　　给空间站做体检的，不仅有在地面工作的航天工作者，还有在空间站中的"随身医生"——各种传感器。空间站在轨工作时，其中的各种传感器就会对它进行实时监测，如果监测指标超出正常范围，或者出现异常变化，空间站的控制系统就会根据事先制定的修复方案"对症下药"，进行自我治疗，不让异常情况"传染"其他地方。在进行自我治疗的同时，空间站还会把异常数据和修复情况传送给地面测控中心的科学家，让他们进行研究判断。我

们把空间站这种自动实时进行自我监测的方式，称为"自主健康管理"。

除了"自主健康管理"，航天工作者们还会根据空间站实际运行情况，借助无线电波传送信息，对空间站的姿态测量和控制、能源、信息、载人环境、热控制等专项功能进行详细日常检查。

虽然有这么多办法给空间站做体检，"预防"它生病，但也不能掉以轻心。因为空间站和人一样，运行时间长了，难免出现"亚健康"状态。

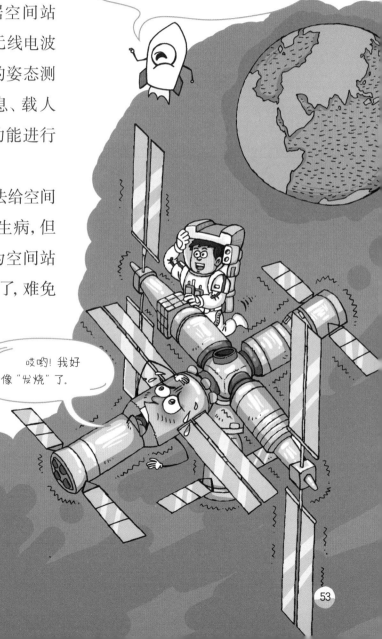

这种"自主＋人工"的健康检测模式，可以让航天工作者们全面、准确地掌握空间站的健康状况，并且能够预判空间站的状态变化，有效预防空间站"生病"。

哎哟！我好像"发烧"了。

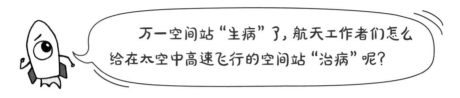

万一空间站"生病"了，航天工作者们怎么给在太空中高速飞行的空间站"治病"呢？

如果空间站"生病"了，航天工作者们会根据故障现象和空间站传回的数据找到"病因"，然后根据处置预案找到合理的"诊疗"方案。有时为了直观地了解空间站的"病情"，他们还会和空间站里的航天员一起"会诊"，在必要的时候，会请航天员帮忙，直接找出空间站的"病灶"，进行"手术"治疗。

我们研究一下维护方案。

中国空间站的设计寿命是 10 年，为了尽可能延长空间站的使用寿命，就要对空间站上的设备、零件进行定期检修和更换。早在空间站设计制造时，科学家就对空间站上各种设备的使用寿命进行过分析。为了让那些使用寿命较短或者容易损耗的设备和零件既符合使用要求，又方便航天员维修和更换，航天工作者们可以说是绞尽脑汁，对这些设备和零件进行特殊设计和改造。

大家把这些经过特殊设计的设备和零件叫作在轨可更换单元（英文缩写为"ORU"）。设计和制造符合要求的在轨可更换单元说起来容易，做起来却很复杂，需要航天工作者们同时兼顾许多要求和问题。单就操作简便这一个要求来说，就要确保每一个在轨可更换单元在使用时，既要满足安装空间和安装朝向的要求，还要方便航天员在失重环境下进行操作。

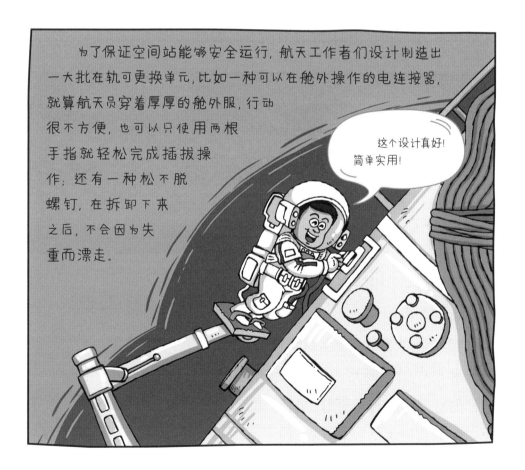

为了保证空间站能够安全运行，航天工作者们设计制造出一大批在轨可更换单元，比如一种可以在舱外操作的电连接器，就算航天员穿着厚厚的舱外服，行动很不方便，也可以只使用两根手指就轻松完成插拔操作；还有一种松不脱螺钉，在拆卸下来之后，不会因为失重而漂走。

这个设计真好！简单实用！

55

绝大多数航天工作者都没去过太空,他们是怎么设计出那些安全可靠的在轨可更换单元的呢?

　　为了保证每一个在轨可更换单元都能成为给空间站"治病"的"良药",航天工作者们在设计制造过程中尽可能全面地考虑到各种情况,并进行大量测试。有时,他们会把自己想象成航天员,模拟航天员在失重环境下维修空间站的每一个动作;有时,他们甚至会穿上舱外航天服,用悬吊在空中或深潜到水下的方式,模拟太空失重状态,找到改进和优化设计方案的灵感。

哇!设计成这样更实用方便。

　　看到这里,相信你不再为中国空间站的健康问题担心了。在这里,给你这个小航天迷留一道思考题:请你结合自己的生活经历和对中国空间站的了解,提出可以让咱们的空间站运行得更好、更长久的建议。说不定你的想法会得到应用呢!

小贴士

　　航天工作者们用十几年的时间,为中国空间站设计出近 800 种在轨可更换单元,可以满足空间站的各种"治疗"需求。

2021 年 2 月 27 日，中国国家博物馆公开展出了一捧特别的"土"，它是从嫦娥五号带回的 1731 克月壤里取出的 100 克月壤。这捧"土"被装在一个方尊形容器的球形空腔中，容器整体高 38.44 厘米，象征地球与月亮间的平均间距 384400 千米；宽 22.89 厘米，象征嫦娥五号自发射到返回的任务时长 22.89 天。这两个数字从空间和时间两个维度展现中国探月工程的卓越成就。

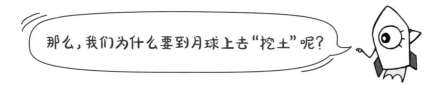

那么，我们为什么要到月球上去"挖土"呢？

这是因为月壤与地球土壤有很多不同之处。地球土壤富含微生物和有机质，月壤中则没有发现任何有机质，而且绝大多数地方的月壤非常干燥，不适合植物的生长。不过，科学家们发现，在太阳风的影响下，月壤含有比地球多得多的氦 -3，这是一种清洁、安全、高效的核聚变发电燃料，被称为未来的"完美能源"。

能到月球上去就很不容易，到月球上去"挖土"就更难了，能从月球上带回来那么多月壤，难度可不是一般的大，其中凝聚了众多科学家的智慧和汗水。早在 2002 年，栾恩杰院士就和孙家栋院士、欧阳自远院士等月球科学专家深入总结美、苏探月历程，提出在 2020 年前我国实施无人月球探测的三步走计划——"绕、落、回"。2004 年 1 月，绕月探测工程正式立项，在此后的 17 年间，先后有 6 位"嫦娥"带着 2 只"玉兔"来到月球。嫦娥一号和嫦娥二号负责"绕"，嫦娥三号和嫦娥四号负责"落"，嫦娥五号则实现了"采样回"的突破。嫦娥五号可以说是汇聚了中国探月人近 20 年的努力，是嫦娥系列探测器的"集大成"者。

嫦娥五号到底是怎么把月壤带回地球的呢？

那是 2020 年 11 月 24 日凌晨 4 时 30 分，嫦娥五号探测器在长征五号运载火箭的托举下，从文昌航天发射场腾空而起。36 分钟后，嫦娥五号告别长征五号，踏上通往月球的"高速公路"——地月转移轨道。经过 5 个昼夜的飞行，嫦娥五号抵达月球附近，开始绕月飞行。随后，嫦娥五号的着陆器和上升器将降落到月球表面，开始"挖土"，轨道器和返回器会继续留在环月轨道，等待上升器把采集的月壤送过来。

2020 年 12 月 1 日 22 时 57 分，由着陆器和上升器组成的"前进分队"开始从距月面 15 千米的位置下降，它们一边进行反推减速，一边调整姿态、避开障碍。14 分钟后，"前进分队"稳稳地降落到月球最大的月海风暴洋东北部的吕姆克山脉附近。

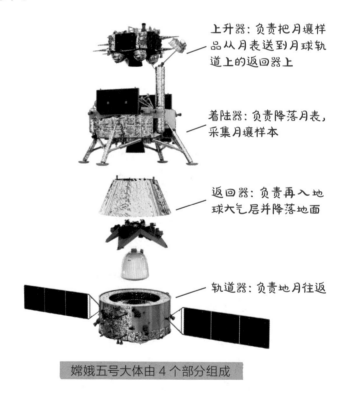

上升器：负责把月壤样品从月表送到月球轨道上的返回器上

着陆器：负责降落月表，采集月壤样本

返回器：负责再入地球大气层并降落地面

轨道器：负责地月往返

嫦娥五号大体由 4 个部分组成

2021 年 5 月 19 日，国际天文学联合会正式批准了由我国提出的嫦娥五号着陆点及其附近地理实体共计 8 项命名申请，它们分别是：着陆点名称——天船基地；山——华山、衡山；环形坑——裴秀坑、沈括坑、刘徽坑、宋应星坑、徐光启坑。位于嫦娥五号着陆点西南方约 2.9 米的地方有一个石块，我国科学家把它命名为石敢当，它既是月球矿物光谱分析仪的主要探测对象，又位于嫦娥五号月球样品的铲取区域。这些地理实体名称能让我们从多个尺度层级上准确地描述嫦娥五号着陆区的位置。

短暂的准备之后，着陆器开始用科学家给它准备的两件"挖土"神器挖取样品。

第一件"挖土"神器是钻具，它在月面下大约钻进 1 米，钻取出大约 250 克月壤。接着，这些样品被装进一个既柔韧又结实的取芯软袋中，然后转移到位于上升器顶部的样品罐里。

紧接着，轮到另一件神器——机械臂登场了。在地面工作人员的操控下，机械臂在月面灵巧地铲取月壤，倒进着陆器顶部的样品罐中。机械臂分别在 3 个位置共 12 次铲取月壤，把样品罐装得满满当

"挖土"神器

当的。机械臂完成铲取月壤工作后，夹持着样品罐，将其转移到样品密封容器里。

在月面展开的五星红旗

打包好样品罐后，利用返程前的准备时间，着陆器上携带的那些装备在月球表面进行了一些探测工作。在上升器上升前，着陆器组合体进行了庄严的展示国旗的仪式，一面鲜艳的五星红旗在月面展开了！

12月3日23时10分，上升器告别着陆器，腾空奔向环月轨道。"接应分队"——轨道器和返回器组合体已在轨道上等待多时。

50千米、5千米、1千米、100米、15米，组合体张开抱爪，把上升器递来的样品密封容器收入囊中。接下来，"接应分队"带着珍贵的月壤样品，踏上了回家的路。

真想快点儿把月壤带回家.

12 月 17 日 1 时 13 分,返回器在距离地面 5000 千米时和轨道器分离,继续奔向地球。到达距离地面 120 千米的大气层边缘时,返回器的速度达到了惊人的 10.6 千米每秒。

在回家的路上,返回器要经受过载和高温的考验。为了应对巨大的过载,科学家在给返回器设定返回路线时,选择的是一种"打水漂"的路线,这样,返回器在进入大气层又被弹起的过程中会把速度降下来。还要对付的一个难题,就是返回器飞行速度很快,会与空气剧烈摩擦产生高温,为了让返回器免受高温炙烤,科学家给它穿上了一身由特殊防热材料制成的"防护服"。

科学家把这种"打水漂"式的返回方式叫作半弹道跳跃式返回。这种方式是利用大气的阻力和大气与返回器的摩擦来消耗返回器的动能,让返回器的速度降低到预定的返回速度。从第一次进入地球大气层到最终落地,返回器要在风驰电掣和大起大伏的状态下飞行六七千千米!

终于到家了!

嫦娥五号返回器精确着陆在内蒙古四子王旗预定区域

嫦娥五号的返回器顺利落地后,科学家立刻开始研究它带回的月壤。科学家发现,这些月壤样品的测定年龄约 20 亿年,比当年美、苏带回的月壤样品的测定年龄要小很多。这个发现,改写了月球演化历史和相关理论,把月球火山活动的结束时间向后延长了大约 8 亿年。此外,科学家发现,这些月壤颗粒的直径很小,超过 95% 的月壤粒径只有几微米,比磨得最细的面粉颗粒还要细。科学家还在月壤中发现了第六种月球新矿物,并给它命名为嫦娥石。

未来,我们国家将继续实施探月工程,到月球找水、建科研站、修互联网……让我们一起期待好消息吧!

天宫，来自中华民族的古老传说，千百年来，承载着人们的无限遐想。"不知天上宫阙，今夕是何年。"这个浪漫的梦想从泛黄的古书中起笔，跨越时间的长河，勾勒出中华民族对浩瀚星空的向往。

2022 年 10 月 31 日，长征五号 B 运载火箭搭载着梦天实验舱在海南文昌发射场成功发射。随后，梦天实验舱顺利完成转位，中国空间站"T"字构型组合体在轨组装完成，中国人的太空家园再添新居。

如果把我国首位航天员杨利伟乘坐的神舟五号飞船返回舱比作"一居室"的话，那么，中国空间站无论是天和核心舱，还是问天实验舱、梦天实验舱，每段舱体长度都超过 16 米，重量都在 20 吨以上，绝对称得上大"别墅"。

中国空间站主体是由天和核心舱、问天实验舱和梦天实验舱组成的"T"字构型组合体，这里是航天员在太空中工作和生活的主要场所。

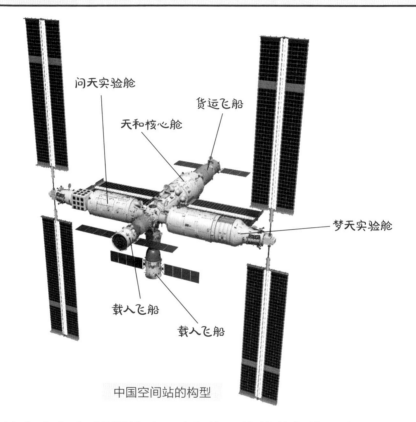

问天实验舱

货运飞船

天和核心舱

梦天实验舱

载人飞船

载人飞船

中国空间站的构型

在这个太空大"别墅"中，天和核心舱的节点舱和大柱段的尾部共有3个对接口，这几个对接口就像停车位一样，有时停的是"客车"——载人飞船，有时停的是"货车"——货运飞船。节点舱还有两个停泊口，用于连接问天实验舱和梦天实验舱。在核心舱外侧，有一副功能强大的机械臂，它既能帮助空间站进行舱体转移，又可以把航天员托举到舱外进行太空行走。

我们知道，航天器要飞往太空非常难，更别说在太空中建造大"别墅"啦。

中国空间站这个非常复杂的大工程，到底是怎样建造出来的呢？

在开始建造中国空间站之前，有一项重要工作得先完成，就是给空间站选址。

这个位置到底要怎么选呢？中国空间站的一项重要功能，是为长期在轨开展有人参与的大规模的空间科学实验和技术试验提供场所。所以，空间站所在的太空区域，要能够比较好地模拟太空失重和辐射环境。从这方面来考虑，空间站距离地面必须大于100千米，因为超过这个高度的空间，才算是进入了太空。可是，也不能把空间站建造得离地面太远，否则发射成本和轨道维持开销都会很大。科学家综合考虑各个方面的因素，认为建造中国空间站的"最佳位置"是距离地面约400千米的空间区域。

距离地面多远的地方才算是太空呢？

航天工程学家冯·卡门通过计算，认为在距离地球表面100千米以上的空间，因为大气过于稀薄，飞机无法获得足够的升力，所以飞机无法飞行。简单来说，可以把飞行器在距地面100千米以内的飞行定义为航空，把距地面100千米以外的飞行定义为航天。目前，国际航空联合会已将距地面100千米的高度定义为大气层和太空的界线，这个界线被称为"卡门线"。

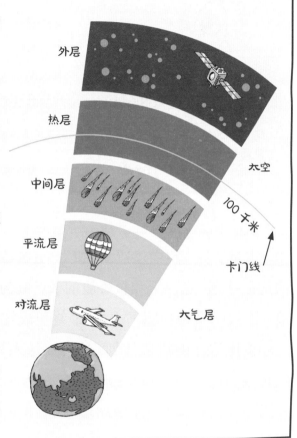

外层

热层

中间层

平流层

对流层

太空

100千米

卡门线

大气层

选好了建造空间站的位置，接下来就要考虑怎么把建造空间站的材料送到"工地"啦。

在太空中造"别墅"，可与在地面上盖房子大不相同，建造空间站的"一砖一瓦"都得从地面运送到太空中去，这个"运输员"嘛，肯定是运载火箭最合适啦。不过，运输成本可是非常高的。因此，科学家们必须精打细算，尽一切可能为国家节省开支，要让每一枚发射升空的火箭都做到"箭"尽其用。

如何做到"箭"尽其用呢？
看看这个表格你就明白了。

载荷名称	发射质量	火箭名称	火箭运载能力
天和核心舱	22.5吨	长征五号B运载火箭	25吨
问天实验舱	23.2吨		
梦天实验舱	23吨		
天舟货运飞船	13.5吨	长征七号运载火箭	13.5吨
神舟载人飞船	8吨	长征二号F运载火箭	8.6吨

万事俱备，接着就要开工建造太空"别墅"啦。

其实，在太空中建造"别墅"，更像是在搭积木，航天工作者们的建造计划，是以天和核心舱的节点舱为中心，把空间站的各个舱段一个接一个地"拼插"上去，最终建成规模庞大的空间站组合体。

按照这样的建造计划，最先被送入预定轨道的就是负责空间站控制和运行的天和核心舱。之后，天和核心舱陆续迎来了天舟货运飞船和神舟载人飞船的到访。在航天员的协助下，空间站系统、航天员系统、实验载荷、补加推进剂等物资陆续到位。接下来，问天实验舱登场了，它与天和核心舱的前向对接口交会对接，组成空间站的"一"字构型。

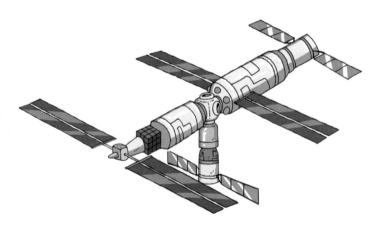

接下来，该把梦天实验舱"拼接"上了。为了给梦天实验舱预留出前向对接口，问天实验舱得先转移到停泊口。

这个空中"大挪移"可真不容易。在天地协同配合下，问天实验舱先与天和核心舱分离，然后利用转位机构进行平面转位，再和节点舱停泊口进行对接。

问天实验舱完成转位后，中国空间站已"拼接"好的部分从原来的"一"字构型变成了"L"字构型。

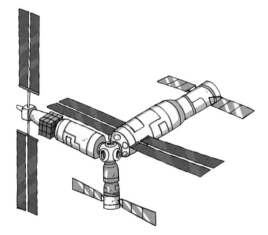

一切准备就绪后，梦天实验舱出征了。在顺利到达预定位置后，梦天实验舱与天和核心舱的前向对接口进行交会对接。随后，转位机构把梦天实验舱转移到节点舱和问天实验舱相对的另一个停泊口。这样，中国空间站"T"字构型就基本建造完成了。

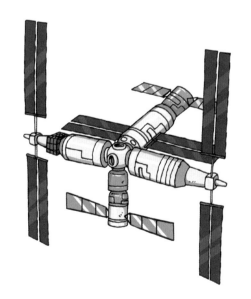

从地面看去，中国空间站只是夜空中一个不起眼的小亮点，但在这个小亮点的背后，是无数航天人夜以继日忙碌的身影。中国空间站的每一个设备、每一个零件，都凝聚着航天人的智慧和汗水，也是他们在守护着空间站的平稳运行……

现在，中国空间站这个由数以万计的中国航天人共同建造的太空"别墅"，已经成为巨大的太空实验室，可以在这里开展空间生命科学与生物技术、空间材料科学、微重力基础物理等多学科领域数百项科学研究。中国空间站张开臂膀，欢迎来自全世界的航天员和科学家朋友！

2022 年，在中国航天日启动仪式上，联合国火星主题邮票公开发布，以此纪念天问一号、毅力号、希望号 3 位火星"访问者"。有趣的是，这 3 位"访问者"都是 2020 年 7 月下旬发射升空，历经 6 个多月、近 5 亿千米的长途跋涉，于 2021 年 2 月先后到达火星的。

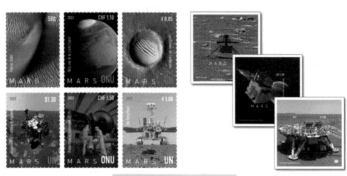

联合国火星主题邮票

这 3 位火星"访问者"为什么都在同一时间段登上去往火星的"班车"呢？

解答这个问题之前，我们得先了解一下飞往火星的"班车"是如何确定发车时间的。

我们知道，只有太阳、地球和火星依次排列在同一条直线上时，地球和火星之间的距离才最近。去往火星的"班车"是否可以在某个有规律的时间段启程，做到既可以缩短飞行时间，又节省飞行燃料呢？地球和火星的公转周期分别为 365 天和 687 天。通过计算火星和地球的公

小贴士

大家用下面这个算式就可以计算出地球和火星的会合周期是多少天啦！

$$T = \dfrac{1}{\dfrac{1}{365} - \dfrac{1}{687}}$$

转速度差，能够推算出，平均每 780 天，地球和火星才会"会合"一次，与太阳排在同一条直线上。

最近十几年，从发射时间来看，执行火星探测任务的航天器都是"扎堆儿"出发的！

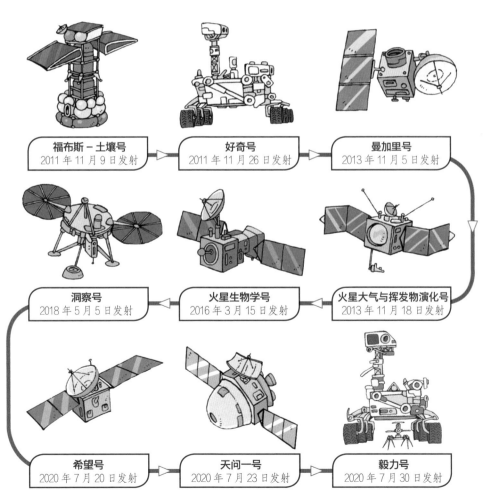

福布斯－土壤号
2011 年 11 月 9 日发射

好奇号
2011 年 11 月 26 日发射

曼加里号
2013 年 11 月 5 日发射

洞察号
2018 年 5 月 5 日发射

火星生物学号
2016 年 3 月 15 日发射

火星大气与挥发物演化号
2013 年 11 月 18 日发射

希望号
2020 年 7 月 20 日发射

天问一号
2020 年 7 月 23 日发射

毅力号
2020 年 7 月 30 日发射

确定了火星探测器的出发时间后，接下来还要找到一条合适的飞行路线。

如果你足够细心，可能会产生这样的疑问：火星和地球"会合"时，彼此之间的距离最近时只有不到 0.6 亿千米，那么，火星探测器为什么要舍近求远，飞行 5 亿千米呢？

这是因为，无论是火星、地球，还是探测器，都时时刻刻受到太阳的引力作用，如果执意让探测器沿着直线飞往火星，就得不停地消耗探测器携带的燃料来克服太阳的引力，这显然是在浪费力气。

为了让火星探测器飞得既省力又省时，航天工作者们巧妙地把太阳引力化为火星探测器前进的动力，让它们沿着优美的椭圆形轨道前进。而这样的机会，每两年才有一次。所以，火星探测器要是错过去往火星的"班车"，就得再等两年，才能搭乘下一趟"班车"。

小贴士

1925 年，德国工程师瓦尔特·霍曼提出了一种非常节约燃料的航天器变轨方式——用一个椭圆形轨道连接两个圆形轨道，这个轨道被称为霍曼转移轨道。借助霍曼转移轨道，人们就能让航天器在尽可能节省燃料的情况下，从地球轨道飞向其他行星。

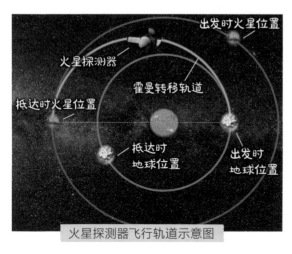

火星探测器飞行轨道示意图

去往火星的"班车"还真不能说走就走，出发时间和飞行路线都很有讲究呢！

的确如此。天问一号在 202 天的漫漫旅程中，经历了 4 次中途修正和 1 次深空机动，终于在 2021 年 2 月 10 日成功实现近火制动，开始环绕火星进行探测。同年 5 月 22 日，祝融号火星车驶达火星表面，开始进行巡视探测。这次任务让中国成为世界上首个仅通过一次发射就实现火星环绕、着陆、巡视三大目标的国家。

能够取得这样令人骄傲的成绩，离不开我国航天工作者的共同奋斗，正如天问一号工程总设计师张荣桥所说，"为了这项任务，我们坚持奋斗了 10 年，兑现了对国家的承诺。""中国火星探测起步晚，同国外存在一定差距，但随着我国成功实施载人航天和探月工

加油! 我们一定会成功!

程，为火星探测提供了一定的技术和设备基础，我们不能只考虑风险，而要有担当精神和攻坚克难的勇气。"

这是天问一号临行时的样子。图片中那个身披银白色"外衣"的球锥状结构是着陆巡视器，里面存放着大名鼎鼎的祝融号火星车。这件银白色"外衣"帮助祝融号穿越火星大气，顺利抵达火星表面。

着陆巡视器的下面，是周身包裹着"黄金甲"的环绕器，它不仅能把着陆巡视器送到火星上，还能环绕火星进行科学探测，为着陆巡视器和祝融号火星车提供数据中继通信，是名副其实的火星"信使"。

携带祝融号的天问一号

两年才有一次飞奔火星的机会，天问一号当然要竭尽全力开展探测工作。

在环绕器和火星车的高效运行下，天问一号取得了大量火星科学数据。这些第一手数据，又一次刷新了人们对于火星的认知。

根据以往对于火星的探测和研究，航天工作者们已经找到火星上曾经有大面积海洋的证据，并且发现火星的南北极存在固态形式的水，温暖季节时还会出现液态水。在这次任务中，祝融号火星车发现了着陆区域 30 亿年来发生过水和风沙活动的新证据，进一步加深了人们对火星演化历史和环境变化规律的认识。

另外，航天工作者们还根据天问一号传回的影像资料，发布了大量火星影像图，其中尤以 76 米分辨率火星全球彩色影像图最具代表性。这幅影像图为人们进一步开展火星探测和研究提供了质量更高的基础底图。

火星上以中国历史文化名镇命名的区域

小贴士

2022 年 3 月 9 日，国际天文联合会批准把位于天问一号着陆点附近以及可能的巡视区域内的 16 个环形坑、3 个穹丘、2 条沟和 1 座方山以中国的历史文化名镇命名，在火星上留下了中国文化的符号。

天问一号任务开启了我国行星探测的新征程，这次任务对人类火星探索事业和深空探测技术的发展有着突出的贡献。为此，国际宇航联合会特别授予天问一号任务团队 2022 年度"世界航天奖"。

盛年不重来，一日难再晨。希望你能够以天问一号任务团队为榜样，以只争朝夕的精神努力学习，早日成长为建设伟大祖国的栋梁之材。

有这样一些人，他们日复一日地学习和训练，他们用坚守与奋斗去实现中华民族的飞天梦想。

他们是谁？对，他们就是了不起的航天员。

提到航天员，你的脑海中是不是闪过了这样的形象？他们穿着航天服，乘坐宇宙飞船，飞向神秘的太空。

你是不是很羡慕航天员，也想到太空看一看？

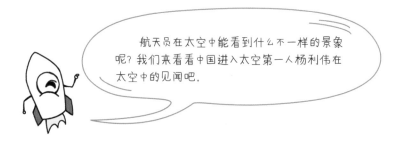

航天员在太空中能看到什么不一样的景象呢？我们来看看中国进入太空第一人杨利伟在太空中的见闻吧。

从载人飞船上看到的地球，并非呈现球状，而只是一段弧。在太空中，我可以准确判断各大洲和各个国家的方位。即使不借助仪器和地图，以我们航天课程中学到的知识，从山脉的轮廓、海岸线的走向以及河流的形状，我也基本可以判断出飞船正经过哪个洲的上空，正在经过哪个国家。我曾

哇，地球太美了！

俯瞰我们的首都北京，白天它是燕山山脉边的一片灰白色，分辨不清，夜晚则呈现一片红晕，那里有我的战友和亲人。在太空，实际上看不到任何单体的人工建筑，我询问过国际上的很多航天员，没有谁能拿出确凿的证据说看到了什么。即使是巨大的城市，在夜晚看到时也只是淡淡的红色……

瞧，这是我在神舟五号上拍摄的作品。

想不到从太空中看，地球竟然这么壮观!

　　看了杨利伟的讲述后，你是不是也想飞到太空看一看地球的样子? 可是，怎样才能成为一名航天员呢?

　　要想成为航天员，是非常不容易的。这是因为，航天员进入太空后，会遇到失重、超重、缺氧、孤独、震动和噪声等困难，这就要求航天员必须具备非常好的身体素质、心理素质和能力素质。

　　为了选拔和培养优秀的航天员，航天部门的工作人员制订了科学的选拔计划，只有通过基本条件选拔、生理机能选拔和特殊环境适应力选拔等项目的测试者，才有机会成为预备航天员。

人们都说航天员的选拔标准十分严格，甚至可以用苛刻来形容。那么，航天员选拔究竟有多严苛呢？来，看看我国航天员的选拔标准吧。

年龄　25～35岁

平均上天年龄　43岁

身高　1.60～1.72米

体重　55～70千克

婚姻状况　男性须已婚
女性须已婚且生育

选拔范围　空军强击机或歼击机
合格飞行员
飞行时长600小时以上

身体状况　无蛀牙，皮肤无疤痕
无慢性病史
骨质健全（未骨折过）

学历　航天相关专业本科以上

你有没有发现，在航天员身体状况的选拔标准中，竟然要求无蛀牙、皮肤无疤痕，这是为什么呢？

这些要求可不是吹毛求疵。在正常情况下，航天员无论是在航天器内，还是身着舱外航天服进入空间工作，身体周围的气压都是安全的。可是，如果航天器或航天服出现故障，发生泄压，航天员身体周围的气压就会低于体内的气压，航天员的身体就会出现一定程度的膨胀。想想看，如果航天员有蛀牙，身体上有疤痕等，这些"薄弱地带"很可能承受不住身体内外的压力差，出现出血、撕裂等情况，进而严重影响航天员的生命安全。所以说，看似"鸡蛋里挑骨头"的选拔标准，其实是为了保障航天员自身的安全。如果你立志长大后要当一名航天员，一定从现在开始就好好保护身体，还要认真刷牙，保护好牙齿，千万不要出现蛀牙哦。

经过一系列严苛的选拔和测试，脱颖而出的预备航天员，并不能立刻起飞，执行飞行任务。他们要学习很多知识，还要通过一系列适应性和针对性训练，逐步适应太空工作和生活环境。所以，接下来，预备航天员要去往航天员科研训练中心，在那里进行 4 年左右的学习和训练。用杨利伟的话说，这段经历就像重上了一次大学，而且在深度、广度和强度上看，超过了很多大学。

预备航天员在航天员科研训练中心的学习生活非常忙碌，因为要学习的知识非常多，适应性训练也十分辛苦，他们要在这个阶段尽快熟悉飞行程序，适应各种在太空中可能遇到的环境。在适应性训练过程中，预备航天员还要学习求生技能，确保生命安全。

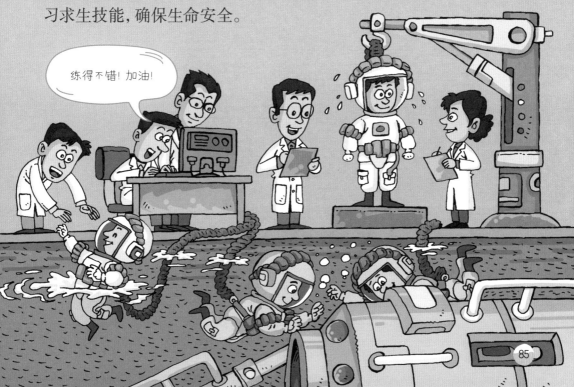

这个用于航天员训练的浮力水槽，直径 23 米，水深 10 米，配上航天服和配重铅块，能模拟出失重的感觉。

练得不错！加油！

航天员聂海胜在进行模拟
失重环境水下训练

看到这里,你可能会很好奇,针对性训练到底都要训练什么呢?针对性训练是预备航天员训练的重要部分,训练内容十分丰富,主要有基础理论培训、专业技能训练以及飞行程序和任务训练3个部分。

基础理论培训是所有针对性训练的起点。为了将来能在太空中顺利驻留并开展研究工作,预备航天员必须掌握火箭和飞船的设计原理、飞行动力学、宇宙物理学、气象学、天文学、航天器轨道理论、空间导航、设备检测、航天医学等方面的知识。

理论学习太重要了!

接下来是专业技能训练。预备航天员通过学习和训练，要充分了解飞船系统状况，以提高飞船运行中的安全性。他们不仅要熟悉飞船的结构、组成，飞船各系统的工作原理和模式，甚至还要掌握重要部组件和单机的情况。可以说，凡是载人飞船涉及的领域，他们都要学习。

在掌握了基础理论和专业技能之后，预备航天员就要进入航天飞行训练模拟器，进行飞行程序和任务训练了。在训练中，他们要掌握执行飞行任务时应该注意的各个环节，做到熟记于心。在进行任务训练的同时，他们还要练习排除各种突发情况的方法，这个过程可以训练和考察每一位预备航天员的判断能力和快速反应能力。

小贴士

航天飞行训练模拟器是一台建造在地面的训练设备，能模拟载人飞船里面的设备和仪器，是对预备航天员进行飞行程序和任务训练的重要地面设备。它能够对载人航天器座舱环境，飞行操作和操纵姿态，正常、故障、应急程序以及视景、音响等进行模拟。预备航天员在进入太空之前，可以在模拟器里面进行训练，熟练掌握操作载人飞船的技能。

欢迎航天员到这里来训练!

航天员在模拟训练设备中训练

"真金不怕火炼"，每一位中国航天员，都是历经无数困难和挫折，才实现飞天梦想的。希望正在读这本书的你，在遇到困难时，能像航天员一样，永不气馁，用自己的耐力和韧劲去克服它、战胜它，最终实现你的远大理想。

浩瀚宇宙,璀璨星河,壮观神秘的太空承载着人类无尽的想象。从 2300 多年前先秦诗人屈原发出"日月安属,列星安陈"的思考和感叹起,中国先民对太空的观察、观测、思索和询问从未停止。如今,中国航天人正意气风发地奔向星辰大海,去探寻更多的宇宙奥秘。

小贴士

"日月安属,列星安陈"出自先秦诗人屈原创作的长诗《天问》。这首诗用递进提问的方式,提出了那个时代的古人对天体演化、星辰运行等方面的思考和问题。

什么是太空探索呢?

太空探索是指人类对地球以外天体或空间环境开展的空间探测活动。世界各国在制定航天战略时,都不约而同地把太空探索作为改善地球环境、长期服务人类的必要条件。

　　早在 17 世纪，伽利略、开普勒等近代科学先驱，就开始借助望远镜来观测和了解天体的运行规律，以及它们的大致情况，取得了大量研究成果。不过，要想进一步了解地球以外天体的组成成分，以及磁场、重力场分布等情况，仅凭望远镜观测和数学计算是远远不够的。到了 20 世纪，人类逐渐有了把探测器送到其他天体附近的能力，甚至能让它们在一些天体上着陆。时至今日，世界各国都争先恐后地进行太空探索，向着深邃的太空、朝着未知的远方前行。

那么，我们对太空的了解有多少呢？

先来说说人类对太阳系中的行星和卫星的探测。

从 1959 年月球 2 号月球探测器在月球表面硬着陆，到 1989 年旅行者 2 号探测器飞掠海王星，人类仅用 30 年就完成了对太阳系主要行星、卫星等天体的探测。近些年，我国嫦娥工程和天问系列探测任务的开展，为人类太空探索事业增添了一抹绚烂的"中国红"。

再来看看人类对太阳的探测。

太阳是太阳系中心天体，对我们来说是最重要的恒星。2021 年 4 月，帕克号太阳探测器成功穿过日冕层，"触摸"到太阳。2021 年 10 月，我国成功发射羲和号太阳探测科学技术试验卫星，标志着中国航天正式步入"探日"时代。

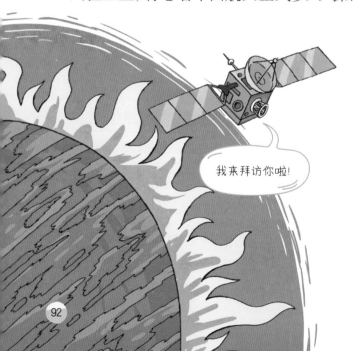

我来拜访你啦！

再看看人类对太阳系外天体的探测。

科学家们从旅行者 1 号探测器发来的数据判断，这艘 1977 年发射的飞行器目前正在距太阳 200 多亿千米外的星际空间中，朝着银河系中心孤独地远行。

人类对于太空已经有了越来越多的了解，但是宇宙浩瀚无边，还有太多太多未知的领域等待我们去探索、去发现。请你看一张照片，这张照片是旅行者1号探测器在距离地球大约64亿千米的地方拍摄的。仔细观察后，你会发现照片中有一个毫不起眼的暗淡蓝点，就像悬浮在阳光中的一粒微尘，它就是我们人类的家园——地球。

接下来，请大胆假设：如果把我们居住的城市看作整个宇宙，那么，在400年前，人类还只能在家里凭借肉眼观察和数学推演来推测屋外的样子。后来有了望远镜，人类的观察能力提高了一点儿，不过观察范围依然局限在小区内。直到最近几十年，人类终于可以推开家门，到小区里摸摸泥土闻闻花香，在屋外架上一个大点儿的望远镜，观察小区外面的世界。

地球↗

原来地球在这里呀！

前面说的这些，只是人类探索太空行动的一部分，人类已经执行过很多次太空探索任务啦！

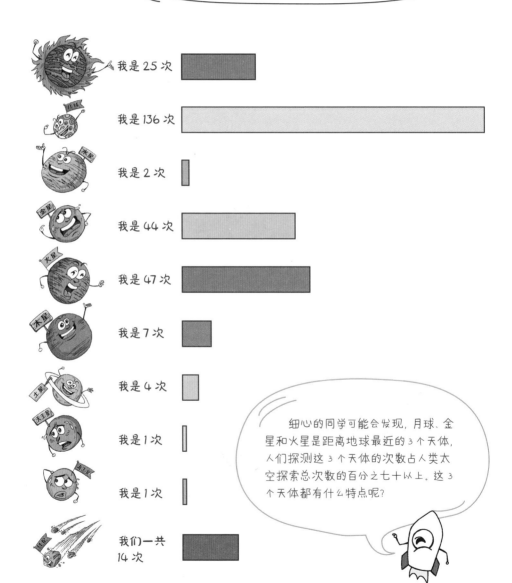

我是 25 次

我是 136 次

我是 2 次

我是 44 次

我是 47 次

我是 7 次

我是 4 次

我是 1 次

我是 1 次

我们一共 14 次

细心的同学可能会发现，月球、金星和火星是距离地球最近的 3 个天体，人们探测这 3 个天体的次数占人类太空探索总次数的百分之七十以上。这 3 个天体都有什么特点呢？

月球是地球的卫星，它与地球的平均距离约为 38.44 万千米，是距离地球最近的天体，因此月球成了人类进行太空探索的首选目的地。2020 年 12 月，嫦娥五号探测器成功从月球带回 1731 克月壤样本，为推动相关技术项目、研究月球成因和演化历史等课题提供了有力支持，也再一次更新和丰富了人们对月球的认识。

我是地球的卫星，离地球最近。

　　金星的构成、大小和质量都与地球相当。不仅如此，金星还是太阳系中距离地球最近的行星，还有厚厚的大气层。不过，在 20 世纪 70 年代，科学家对多颗金星探测器传回的数据进行分析后，发现金星大气中 96% 为二氧化碳，金星表面大气压是地球的 92 倍，表面平均温度高达 462 摄氏度。在这种环境下，水是无法以液态形式存在的，不存在维持生命的基础。

我这里真的没有金子！

　　和太阳系其他行星相比，火星和地球同处在太阳系宜居带。自 20 世纪 60 年代以来，人类进行了 40 多次火星探测活动，对火星的地貌、地质、大气层、土壤与岩石成分、内部结构、磁场和重力场诸多状况，有了一些了解。科学家从目前获知的情况进行分析，基本确认火星上存在或曾经存在固态水或液态水，而且存在有机物。

我这里可能有液态水，快来啊！

　　未来，中国航天人还将进一步探索更加遥远的太空。但是，问天之路从来都不是一帆风顺的，从"嫦娥"奔月到"羲和"逐日，从"神舟"飞天到"祝融"探火，每一次太空探索任务的背后，都凝聚着中国航天人辛勤的汗水。他们始终坚信："攻城不怕坚，攻书莫畏难。科学有险阻，苦战能过关。"

　　在浩瀚的宇宙剧场里，地球只是一个极小的舞台。希望你能保持好奇心、增强自信心、满怀责任心，长大后为建设航天强国、科技强国做出贡献。

你还记得吗? 在我们的月球车飞往月球之前, 有一个给月球车起名字的活动, 当时有很多同学对月球车的名字提出了建议, 有建议叫"后羿"的, 有建议叫"吴刚"的, 甚至还有同学别出心裁, 建议叫"八戒"……不过, 人们认为最合适的名字非"玉兔"莫属。

这个名字源于嫦娥奔月的神话故事, 故事中, 嫦娥怀抱一只灵动的小兔子, 孤独地生活在广寒宫。大家认为, "玉兔"这个名字既能生动表现出嫦娥探测器带着月球车去往月球的情形, 又充满了中国人的浪漫情怀。所以月球车就有了玉兔号这个好听的名字。

我们来了解一下玉兔号月球车诞生的故事吧。

小贴士

什么是月球车呢? 月球车是一种能在月球表面行驶, 并完成探测、考察、收集和分析样品等复杂任务的探测器。借助月球车强大的探测功能, 科学家能够更加详细地了解月球。

说起玉兔号月球车的诞生, 可远比想象中的复杂。我们可以把玉兔号月球车从立项到飞往月球的过程分成 4 个阶段。

一开始, 谁都不知道月球车该是个什么样子。怎么办呢? 设计师们就先从月球车必须用到的天线、太阳能电池板、摄像设备、机械手臂等设备开始思考，在设计草稿上对各种设备进行"装配"。于是，就有了下面这些形态各异的月球车设计稿。

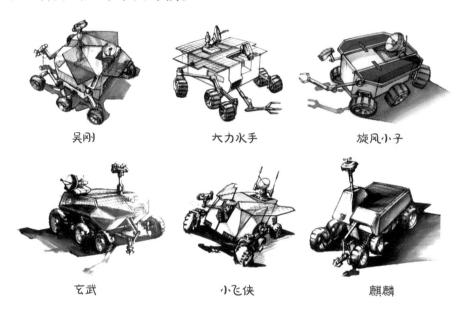

吴刚　　　　　　　大力水手　　　　　　旋风小子

玄武　　　　　　　小飞侠　　　　　　　麒麟

接下来的工作，可不能停留在纸面上。科研人员对各种设计方案进行一番模拟、筛选、组合和优化之后，设计、制造出

看！这些月球车有的外形简洁，有的装备丰富，有的造型炫酷，你喜欢哪个呢？

一辆原理样机，然后用它开展了大量试验，充分了解和验证了月球车的相关技术问题，终于设计制造出了玉兔号月球车。

在研究月球车的移动方式时，科研人员发现，采用履带式设计，能让月球车在松软的沙地上轻松移动，但如果月球车被岩石卡住，

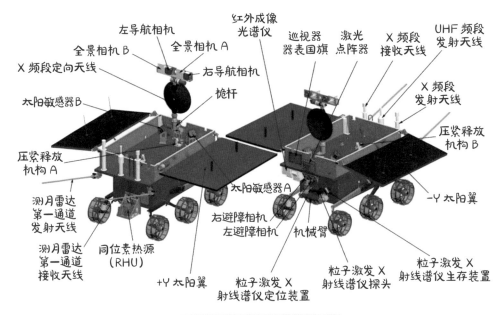

左导航相机
红外成像
光谱仪
巡视器
器表国旗
激光
点阵器
X 频段
接收天线
UHF 频段
发射天线
全景相机 B
全景相机 A
X 频段定向天线
右导航相机
X 频段
发射天线
太阳敏感器B
桅杆
压紧释放
机构 B
压紧释放
机构 A
测月雷达
第一通道
发射天线
太阳敏感器A
-Y 太阳翼
右避障相机
左避障相机
机械臂
测月雷达
第一通道
接收天线
同位素热源
（RHU）
+Y 太阳翼
粒子激发 X
射线谱仪定位装置
粒子激发 X
射线谱仪探头
粒子激发 X
射线谱仪主存装置

从不同角度看玉兔号月球车

就很难摆脱困境；如果采用腿式设计，能够让月球车避免被岩石卡住，可如果遇到断电等情况，采用这种设计的月球车就会一屁股"坐"在月球表面上，很难"站"起来。相比之下，如果采用轮式设计，更容易应付在月球表面移动时可能遇到的大部分问题。经过反复研究和比对之后，科研人员最终采用了六轮独立驱动、四轮独立转向的轮式移动方式。

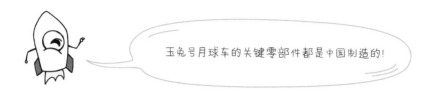

玉兔号月球车的关键零部件都是中国制造的!

移动方式问题只是设计制造月球车时遇到的众多问题中的一个。我们知道,月球表面的昼夜温差很大,那里中午的温度有 90 摄氏度,到了夜晚又会快速降到零下 190 摄氏度,在如此恶劣的环境下,一般机械设备根本无法工作。月球上可没有救援队和修理厂,玉兔号月球车一旦出现故障,很难借助外力修复。为了保证探测任务顺利进行,尽可能避免发生故障,科研人员给玉兔号月球车设置了 8 种工作状态。

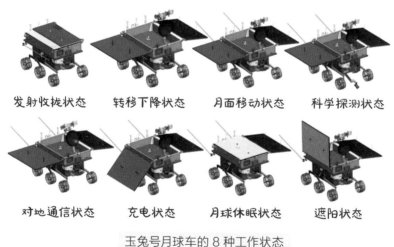

发射收拢状态　　转移下降状态　　月面移动状态　　科学探测状态

对地通信状态　　充电状态　　月球休眠状态　　遮阳状态

玉兔号月球车的 8 种工作状态

玉兔号月球车研制出来后,还不能直接送上月球。为了确保玉兔号月球车登陆月球后能够顺利完成探测任务,科研人员为它量身打造了一系列测试,外场试验就是其中一项。

外场试验是用来检验玉兔号月球车在月球环境中进行长距离巡视探测能力的测试项目。

科研人员在甘肃敦煌市附近的库木塔格沙漠里建起一座营地，在那里对玉兔号月球车进行了31天的外场试验。试验项目包括遥操作玉兔号月球车行进、探测，收集、分析测试数据，分析并提出优化建议，以及野外测试系统保障等。

小贴士

遥操作就是远距离控制月球车。在遥操作帐篷中工作的科研人员，不能直接观察试验场的实际情况，只能根据玉兔号月球车回传的图像来判断它周围的地形等情况，从而控制月球车安全行驶。

柴油发电机和油罐：它们是整个外场试验的"电池"，所有试验和生活用电都要靠柴油发电机提供

沙梁：一道2米高的遮挡物，使遥操作帐篷中的科研人员无法直接看到试验场上的情况

月球车专用帐篷：科研人员在这顶帐篷里进行设备安装、连接电缆等工作

遥操作帐篷：科研人员在这里对月球车进行遥操作

工作区域

"环形山"：为了模拟月球表面的地形，科研人员在试验场中挖了很多浅坑，模拟月球表面的环形山

"月岩"：搬来许多大大小小的石块，用来模拟月岩

试验场

正在进行外场试验的玉兔号月球车

告诉你个小秘密，玉兔号月球车实际探测的地方并没有那么多大石头，科研人员在外场试验时有意让测试环境更加恶劣一些，这样，月球车登陆月球实际探测时，遥操作起来才会得心应手。

在科研人员的共同努力下，玉兔一号月球车在 2013 年 12 月 2 日成功发射升空，15 日抵达月球表面，沉寂了近 40 年的月球再一次迎来了人造航天器的探访，五星红旗首次在月球亮相。5 年后，玉兔二号月球车降落在月球背面，这一次更了不起，人类首次在月球背面这片亘古荒原上留下了车辙。

成功了！

平安落地啦！

很多人都以为科研工作者是非常严肃刻板的，寡言少语，不懂雅趣。其实，他们有属于自己的浪漫。当年，科研人员在进行玉兔号月球车外场试验时，给营地取名为"望舒村"，把自己比喻为给月亮造车、驾车的人。这个名字出自先秦诗人屈原《离骚》的诗句"前望舒使先驱兮，后飞廉使奔属"。

玉兔一号在月球表面

除了这个富有诗意的村名，大家还在村口栽下一棵胡杨，在树上挂上一些牌子，牌子上写的是科研人员家乡的名字，以及他们的家乡到望舒村的距离，最靠

玉兔二号在月球背面

上的一个牌子上，写的是："月球，380000km"，激励大家朝着共同的目标"追逐梦想、勇于探索、协同攻坚、合作共赢"。

如今，望舒村已经被改造成航天探月文旅项目基地，为航天科普事业贡献着自己的力量。

未来，随着我国航天科技的不断发展，航天人一定能够探知月球更多的奥秘。

你去过湖南省博物馆吗? 那里珍藏着 3 幅出土于马王堆三号墓的行军图——《驻军图》《长沙国南部地形图》《城邑图》。令人叹为观止的是, 这 3 幅绘制于 2100 多年前的地图, 竟无一例外用"上南下北、左东右西"的方法详细画出了地形要素。

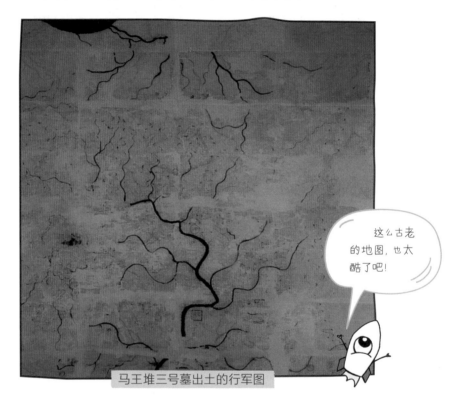

这么古老的地图, 也太酷了吧!

马王堆三号墓出土的行军图

古人无法飞到高空向下看, 他们到底是怎么弄清方位的呢?

据考证, 古人确定方位的一个重要方法, 是寻找夜空中的北斗。早在先秦时期, 古人就能运用北斗七星等星象与地理信息的对应关系来判断方位；到了汉代，人们对于北斗七星的认识更加全面，在《淮南子》中，就有"夫乘舟而惑者，不知东西，见斗极则寤矣"的说法。

如今，我国科学家在太空中组建起了随时可以为人们指引方向的"北斗"系统。

2020年7月31日，经过20多年的努力，我国自行研制的全球卫星导航系统——北斗三号全球卫星导航系统正式开通。它就像是用人造卫星组成的星座，能够在全球范围内为各类用户提供定位、导航、授时和短报文等服务，不仅精度高，而且不受天气条件限制，非常可靠。

有了北斗导航系统的成功经验，科学家准备在太空中建造一个规模更加庞大、功能更加完善的互联网卫星星座，满足人们不同的需求。

为什么要建造这样的星座呢？

我们从互联网说起吧。互联网我们都很熟悉，人们可以随时随地通过互联网沟通交流、学习知识、获取新闻、下载文件……它的出现，让信息交流更加便捷，拉近了人与人的距离。特别是已经被广泛使用的移动互联网技术，极大地丰富和方便了人们的日常生活。可是，我们在享受移动互联网带来便捷生活的同时，有时也会觉得苦恼——手机有时会出现没有信号的情况，如果我们来到山区或丛林等荒僻的地方，这种情况会更严重。怎么解决这个问题呢？

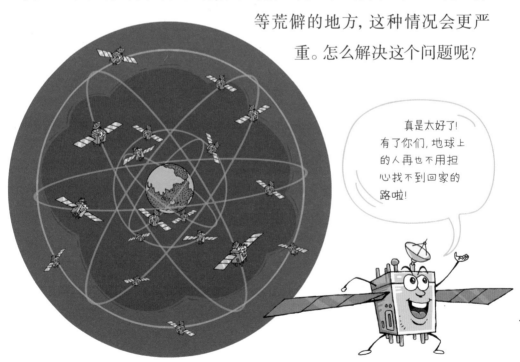

真是太好了！有了你们，地球上的人再也不用担心找不到回家的路啦！

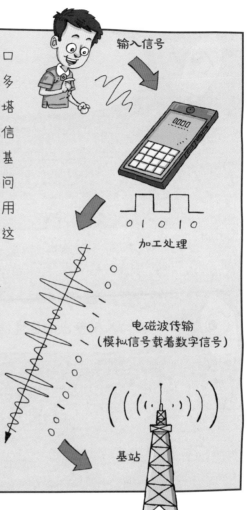

我们的手机是通过互联网接口设备连接上网的，这些接口设备大多集中安装在一个叫作基站的大铁塔上。当我们使用手机上网时，手机信号会率先到达附近的基站，再由基站通过回程网络发送到我们要访问的网站。网站收到信号以后，会把用户需要的数据原路传送到手机，这样就实现了一次完整的信息交互。

如果没有基站，就算使用再高级的手机，它的功能也很难完全发挥出来。山区、丛林等荒僻的地方没有基站，所以在这些地方，手机有时就会没有信号。另外，高空和海洋也是常规基站的覆盖盲区。

输入信号

加工处理

电磁波传输
（模拟信号载着数字信号）

基站

为了解决这个问题，科学家计划向太空发射大量卫星，让这些卫星与地面基站紧密配合，共同为人们提供网络服务。科学家给这些卫星起了个十分形象的名字——互联网星座系统。这个系统能让互联网信号覆盖得更广，信号强度更强。等这个系统建成了，人们无论是身处茫茫大海，还是万米高空，又或是在山区、林场，都能随时随地轻松上网，再也不用担心接收不到信号了。

互联网星座系统的卫星是怎样密切配合，为我们提供网络服务的呢？

互联网星座系统有成千上万颗卫星，这些卫星之间如果通过激光相互联系，则能够以很快的速度完成大量的信息收发，科学家把这种通信方式叫作激光星间链路。你来想想看，成千上万颗卫星通过激光星间链路相互联系，在太空纵横交错，织就一张足以包裹住整个地球的巨网，这样，就可以为全世界提供信息快速收发服务啦。

面对人们发出的巨量信息，互联网星座系统吃得消吗？

这的确是个很难解决的问题，但是我国科学家从不会知难而退。科学家在研究中发现，在卫星上安装多波束天线，通过充分发

挥多点波束技术优势，能够让卫星的通信能力大大增强。

　　什么是多点波束呢？你可以把卫星发射的每一个点波束想象成一个从高空射向地面的探照光束，地面上被探照光束照亮的区域，就相当于地球上能够接收到卫星信号的区域。那么，安装了多波束天线的卫星，就仿佛具有了同时向地面发射多个探照光束的能力，通过照亮更大的范围，满足人们多点通信的需求。

　　看到这里，你是不是已经感受到了互联网星座系统的"超能力"？可是，要把这个庞大又复杂的系统组建起来，是非常不容易的，需要许多科研人员齐心协力攻克一道又一道难关。其中一道难关你可能已经想到了，就是如何制造出成千上万颗卫星。现在，制造卫星

已不是什么难题, 可要在短时间内成批量制造卫星, 还要做到物美价廉就难了。为此, 科学家在天津、湖北武汉等地建起了专门生产卫星的工厂和流水线, 让制造卫星就像拼搭积木一样, 简便又快捷。

当然, 把卫星制造出来只是第一步, 在建造互联网星座系统的过程中, 还会遇到许多其他问题, 比如, 大量卫星在太空中运行时, 它们之间怎样才不会互相干扰? 如何给天地通信的内容加密? 如何有效克服太空信号干扰……

科学探索和科技攻关的道路上总是充满着未知和挑战, 但在一代又一代中国航天人的不懈努力和接续奋斗下, 卫星批量化生产、卫星网络通信等技术难题一定会被突破, 到时候, 这个具有中国特色的卫星系统, 一定会成为天空中最壮观的"星座"。

地球的身体里，藏着一种黏糊糊的棕黑色液体，它很少露出"真容"，却为人们的生产生活贡献着力量。没错，它就是有"工业的血液"美称的石油。

可是，在中华人民共和国成立之初，外国人却说咱们中国是个"贫油国"，不可能发现大油田。面对质疑和压力，以李四光为代表的地质工作者，结合地质力学原理和世界找石油的经验，对我国地质条件进行了认真分析，提出了新的见解。他们建议在我国西北、西南、华北地区进行石油普查的同时，对松辽平原也进行战略侦察。后来，石油部在松基三井，地质部在扶 27 井先后获得工业油流。那时正值中华人民共和国成立 10 周年大庆前夕，人们就把这里命名为大庆油田。随后接二连三的发现，让我国迎来了石油工业的高速度发展，彻底粉碎了外国人的"中国贫油论"。

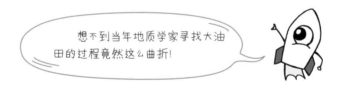

想不到当年地质学家寻找大油田的过程竟然这么曲折！

当年，石油勘探工作者只能借助理论和经验，在地面苦苦寻找深埋在地下的石油。直到后来出现了航天遥感技术，石油勘探工作者才终于有了得力助手，可以更加快速、更加准确地定位石油勘探的地点。

石油勘探队

哇，遥感技术这么厉害，那什么是遥感呢？

遥感，从字面上理解，就是遥远的感知。这么说虽然有点儿玄乎，原理却并不复杂。这是一种从远处通过传感器接收来自目标物体发射或者反射的电磁波，然后在计算机的辅助下，对接收到的信息进行处理，进而判别目标物体的属性的过程。我们可以把遥感想象成人们用照相机拍照，不过，照相机只能采集到可见光波段的电磁波。而遥感卫星接收的信息并不局限在可见光波段，所以它拍摄的"照片"有时没有那么"直观"，只有经过专业的分析和处理，才能得到需要的结果。

小贴士

遥感探测传感器可分为被动式和主动式两种：被动式传感器通过收集目标物辐射的电磁波进行工作，常用的被动遥感器有微波辐射计、地磁测量仪、重力测量仪等；主动式传感器是向探测目标发射电磁波，然后收集目标物反射回来的电磁波，常用的主动传感器有微波高度计、激光雷达、激光高度计、微波散射计等。

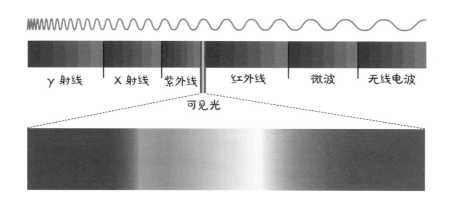

γ射线　　X射线　紫外线　　红外线　　微波　　无线电波

可见光

空间技术的发展，让人们能从太空对地面进行遥感探测，为我们提供空间位置、地面高程、生物量、温度、湿度等第一手科学数据。下面，我们就一起来看看遥感卫星拍下的"照片"吧。

高分七号卫星拍摄的大兴机场影像

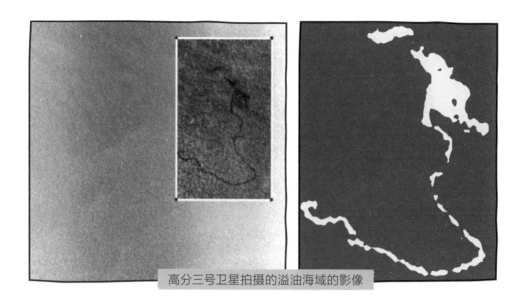

高分三号卫星拍摄的溢油海域的影像

这些照片拍摄的都是地面上的东西，那么，遥感卫星是怎样帮助人们找到藏在地下的石油的呢？

　　我们知道，石油里面含有很多种物质，还溶有少量气态物质。经过漫长的地质变化，有些气态物质会顺着地下岩层和土壤的空隙"冒"出来，发生渗漏。一般情况下，渗漏出来的气态物质非常少，人们很难察觉到。可是，这些微量气态物质会影响地表的土壤、岩石和植物，使它们辐射的电磁波发生变化，所以，在一些遥感卫星拍摄的影像里，就会出现"色调"异常。科研人员经过一系列分析和判断之后，就能找出可能存在石油的区域了。

　　当然，航天遥感技术不仅在石油勘探领域大显身手，它的用处还多着呢。几十年来，随着资源系列、遥感系列、风云系列、海洋系列和高分系列等遥感卫星相继发射升空，咱们国家遥感卫星的测控水平不断提高，目前有了快速响应和连续监测的本领，可以给与农业、土地、林业、水利、气象、海洋、环境、减灾、统计、交通、教育等相关行业的工作提供重要的基础支撑和信息保障。

　　我们国家的遥感卫星能发展到现在这么厉害，是非常不容易的。这种技术是在 20 世纪 70 年代才起步的。几十年来，中国航天工作者自力更生，艰苦奋斗，创建了航天遥感观测体系，走出一条从无到有、从小到大、从弱

到强的发展之路。

我国第一颗遥感卫星的总设计师是大名鼎鼎的孙家栋院士，在他的经历中，有这样一段令他刻骨铭心的记忆：

第一次发射遥感卫星时，火箭升空 21 秒后就发生了爆炸，任务宣告失败。在场的人都难以相信眼前发生的一切。在之后的三天三夜里，孙家栋院士和同事们来到沙漠中寻找火箭的残骸，大家甚至把沙地挖了一尺多深，把混在沙子里的螺丝钉、小钢块、小导线头一点点收集起来，带回去分析查找原因。后来发现，导致这次发射失败的原因，竟然是火箭中的一根导线在发射过程中被剧烈的震动给弄断了。想到团队几百人几年的心血付诸东流，孙家栋跑到房间里大哭了一场。

要是再仔细检查一遍就好了！

119

这次教训让他明白，质量是第一位的，一个非常小的故障都有可能带来毁灭性的后果。痛定思痛，为了尽可能避免以后出现同样的问题，孙家栋和大家一起研究制定了一整套质量管理系统。一年后，一颗新的遥感卫星腾空而起，发射取得圆满成功。

现在的中国，已经从先进航天遥感技术的追赶者，变成了不断创新发展的领跑者。我国正在构建由即时遥感卫星系统、近实时低空无人值守观测系统、实时地面物联感知系统和统一的地面卫星资源共享服务平台组成的即时遥感服务体系。未来，我国将在太空中构建起大规模人造卫星星座，一刻不停地为人们提供定位、导航、授时、遥感、通信等服务，为我们的家园，这颗美丽蓝色星球贡献力量。

　　话说二郎真君得到玉帝的调兵旨意, 率领四个太尉、两位将军, 连同自家的七兄弟, 前来追拿齐天大圣孙悟空。刀棒之间, 真君和大圣斗了三百多个回合。这时, 孙悟空见自家妖猴惊散, 一时乱了阵脚, 于是不敢恋战, 把金箍棒捏作绣花针, 藏在耳内, 摇身一变, 变成麻雀, 飞到树上。这时, 只见二郎真君淡定自若, 睁开天眼看去, 见那猴子变成了麻雀在枝头, 就摇身一变, 变作雀鹰, 飞去扑打……

　　这是《西游记》里"二郎神大战孙悟空"的一段故事, 你一定不陌生。故事中, 任凭孙悟空如何变化, 在二郎神的天眼之下都无处遁形。

　　如果告诉你, "天眼"在现实世界中也是存在的, 你会不会很惊讶呢? 在我国航天工作者的不懈努力下, 有着天眼工程美誉的高分系列遥感卫星已经成功入轨工作, 让神话故事中神奇的"天眼"变成了现实。

你是不是很好奇：什么是高分系列遥感卫星？它们为什么被誉为"天眼"呢？

在回答这个问题之前，我们先来了解一下什么是遥感卫星。

通俗地讲，遥感卫星就是一种能在外层空间对地球进行探测的人造卫星，它可以收集地球辐射或反射的电磁波信息。人们对遥感卫星传回的信息进行处理、加工和判读后，能更加直观地了解探测区域内的农田、森林、海洋、山脉、道路、天气等情况。

有我这样的好视力，什么宝藏都能发现！

根据应用领域来划分，遥感卫星分为气象卫星、陆地卫星和海洋卫星等类型，高分系列遥感卫星就属于陆地卫星。在高分遥感卫星（全称为高分辨率对地观测卫星）家族中，有 7 个兄弟，它们个头儿不大，但个个"视力"超群。这 7 个兄弟一刻不停地守望着地球，在自然资源、生态环境、天气监测、防灾减灾、城市管理等领域发挥着重要作用。看到这里，你是不是已经着急认识这 7 个兄弟啦？这就请它们出场喽！

125

如今, 高分家族的七兄弟都在各自的岗位上兢兢业业地工作。有了它们, 咱们国家高分卫星数据不仅达到了百分之九十自给, 还在很多行业得到应用。

高分二号拍摄的世界第一高塔迪拜塔图像

高分七号拍摄的世界第一高峰珠穆朗玛峰立体图像

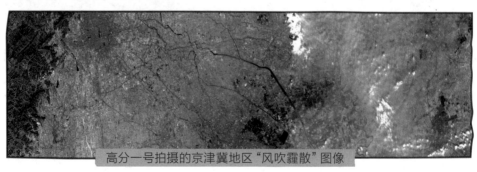

高分一号拍摄的京津冀地区"风吹霾散"图像

高分卫星家族的七兄弟虽然离我们很远，人们也不太了解它们，但是它们日日夜夜都守望在我们身旁。2021 年 12 月，正在执行第 38 次南极科考任务的雪龙号科考船突然遭遇极端天气，被冰围困，原来可供航行的大冰缝看不见了，呈现在眼前的是多种多样的冰脊，行进异常艰难。船上的科考队队员们迅速行动起来，根据高分三号等卫星传回的实时监测遥感信息，分析雪龙号周围浮冰的动态变化，最终找到冰缝，一路破冰，成功抵达中山站。

高分卫星兄弟还积极参加国际救援行动。2023 年 2 月，土耳其发生 7.8 级地震。地震发生后，我们国家安排高分一号、高分二号、高分三号、高分六号和高分七号五兄弟，对灾区进行应急成像，为中国国际救援队震后赴土耳其应急救援提供了重要参考信息。

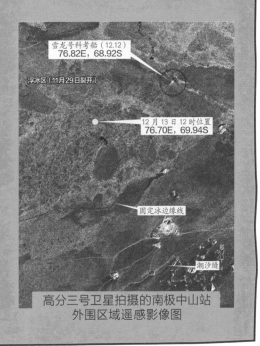

高分三号卫星拍摄的南极中山站
外围区域遥感影像图

本领这么强的高分遥感卫星，都是中国航天人艰苦奋斗、团结协作、自主创新的重要成果。20 世纪末，我们国家的航天技术和世界上一些国家的相比还有明显的差距。那时，我们国家的卫星只能看清楚地面上 5 米见方的物体，如果想得到高分辨率的卫星数据，只能从国外高价购买，这对我们国家的经济社会发展非常不利。

从 2002 年开始，李德仁院士联合多位院士撰写咨询报告，建议发展中国高分辨率对地观测系统。3 年后，高分辨率对地观测系统被确定为国家重大专项。2010 年，高分专项正式启动实施。经过十余年艰苦攻关，取得了一系列重大技术突破和创新性成果，引领了我国遥感技术的跨越式发展，彻底扭转了我国高分辨率遥感数据长期依赖国外的被动局面。现在，高分专项已经成为我国航天国际交流合作的战略支撑。在高分专项实施的背后，有一支艰苦奋斗、勇于创新的团队，大家攻克了一个又一个难关，形成了"洞察天地、致广精微，创新超越、砥砺前行，开放共享、造福人类"的高分精神。

关键核心技术既买不到，也要不来，只能靠我们自己去攻克、去

解决。你愿意像李德仁院士和其他不懈奋斗的航天人一样，为了梦想，去攀登、去创造、去奋斗吗？

我们隔一段时间就会在新闻中看到火箭成功发射的消息。你有没有想过这样一个问题：为什么要发射这么多火箭呢？因为火箭就像太空客车，能把各种各样的"乘客"——卫星、空间站舱段、载人飞船和货运飞船等航天器送往太空。而随着航天科技和其他科技领域的发展，需要越来越多的航天器进入太空工作。

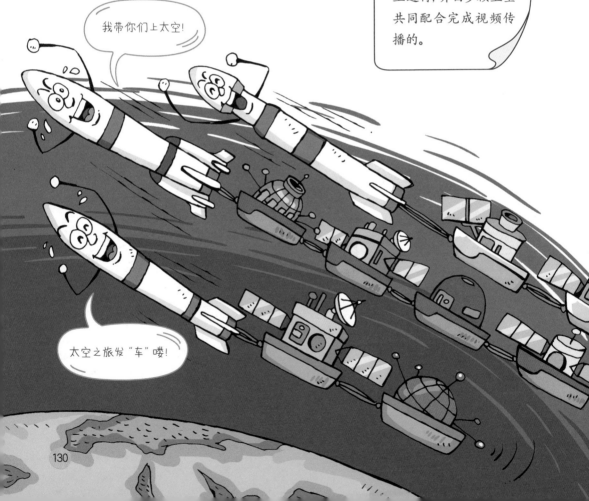

130

　　进入太空的航天器，都在自己的运行轨道上"奔跑"着。我们可以按照高度，把航天器运行的轨道分为低、中、高3类。一般运行高度小于2000千米的轨道称为低轨道，中国空间站以及部分对地观测卫星运行在近地轨道；大多数导航卫星系统位于中轨道，包括美国的全球定位系统以及我国北斗导航系统中的大部分卫星都在那里工作；而我国的东方红二号通信卫星和风云二号气象卫星等都位于地球高轨道。

　　除了可以用高度划分航天器的运行轨道，还可以根据轨道的倾斜程度来给航天器的轨道进行分类，经过地球南北极上空的轨道称为极轨道。位于赤道上空35786千米的顺行圆形轨道比较特别，它是地球同步轨道的一种，在这条轨道上运行的卫星，与地面处于相对静止的状态。

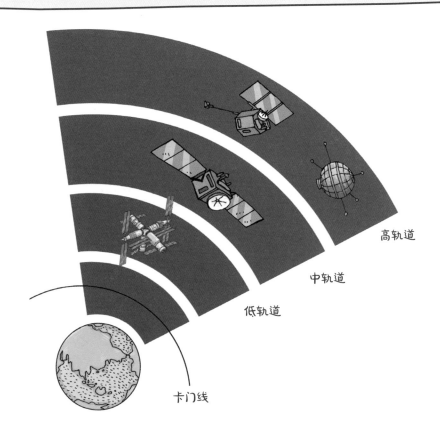

高轨道

中轨道

低轨道

卡门线

所以，地球周围并不像我们想象的那样"冷清"。要知道，人类从没有停止过探索太空的脚步。1957年，人类开启了太空时代，这之后60多年间，就有12000多颗卫星进入太空。除此之外，太空中还有数不胜数的太空垃圾，它们是人类遗弃在太空的各种残骸和废弃物。它们大多无法自我控制，只能在轨道中漫无目的地绕圈。这么看来，地球周围不仅很"热闹"，还不怎么"太平"。航天器运行时稍有不慎，就可能与其他航天器或者太空垃圾"亲密接触"。更糟糕的是，遭到碰撞损毁的航天器会产生更多的太空垃圾。越来越多的太空垃圾就像包袱皮一样，把地球包了个密密实实，让地球周围的太空环境更加恶劣。

围绕地球运行的航天器、太空垃圾越来越多，就可能发生太空"堵车"的情况。如果继续这样发展下去，各种航天器不仅活动空间会受到限制，就连自身的"交通安全"也会受到严重威胁。

> **小贴士**
>
> 一些国家在发展互联网星座系统，需要向太空发射成千上万颗卫星！

太空"堵车"的危害真的会这么严重吗？

确实会很严重。因为各种航天器和太空垃圾在太空可不是静止不动的，它们一直在绕着地球高速运动。对地球而言，近地轨道卫星和太空垃圾的运动速度普遍大于 7.5 千米每秒，如果发生相向碰撞，相对速度能达到惊人的 15 千米每秒，这个速度可是子弹飞行速度的 10 多倍！试想一下，航天器如果以这种速度与太空垃圾相撞，很可能遭受到彻底的损坏。

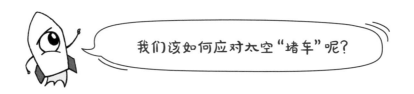

我们该如何应对太空"堵车"呢？

"红灯停,绿灯行。"在车流密集的道路上,为了保障交通安全、避免发生交通事故,人们制定了详尽的交通规则,如果有人不遵守交通法规,会受到相应的处罚。比如,在车辆、行人交会处,设置交通信号灯,维持交通秩序;有些地方为了避免车辆拥堵,会采取限行措施。

可是,要治理太空"堵车",可比管理道路交通复杂多了。科学家专门进行了系统的研究,提出了一些预防太空"堵车"的方法。

第一个方法就是"看"——通过监测,提前发现可能对航天器造成威胁的物体,同时追踪它的运动轨迹、发出预警信息。

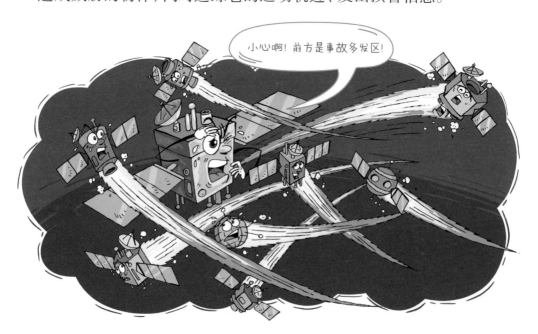

我们常说"惹不起，躲得起"，要保护航天器，也可以让它们"躲"和"防"——用躲避和防御的方式避免碰撞、减轻损伤。对于个头儿较大的太空垃圾，可以通过改变航天器的轨道避免碰撞；对于个头儿较小的太空垃圾，可以提前增加航天器的防护强度，用强壮的"身体"抵御撞击。

　　还有个方法就是"警告"和"警戒"——向有可能威胁到其他航天器安全的航天器发出警告，让它们提前变轨，如果警告无效，可以采取警戒措施，并设法捕获和拖走它，清除安全隐患。

　　不过, 这些应对太空"堵车"的方法治标不治本, 要想从根本上解决太空"拥堵"和"交通"安全问题, 需要国际社会共同完善在轨航天器信息库, 共享太空物体运动状态的数据, 让人们可以随时随地对航天器进行监控。还得制定太空"交通规则", 让所有航天器都按照规则发射、入轨、运行、离轨、回收。这样, 人类才能建设更加安全、更加庞大的太空交通网络系统。太空是人类共有的资源, 相信在世界各国的努力下, 太空交通一定会逐渐变得井然有序, 太空垃圾将会越来越少, 地球周围的太空环境将更加安全、更加和谐!

信息卷 ▶

人工智能、无人驾驶、元宇宙、量子传输、5G 技术、大数据、芯片、超级计算机……这些搅动风云的热门词汇背后，都有哪些科学原理？中国科学家怎样打破科技封锁的"玻璃房子"，一次次问鼎全球科技高峰？快跟随中国工程院院士孙凝晖遨游信息科技世界，读在当下，赢在未来！

医药卫生卷 ▶

近视会导致失明吗？你能发现身边的"隐形杀手"吗？造福世界的中国小草究竟是什么？是谁让青霉素从天价变成了白菜价？……中国科学院院士高福带你全方位了解医药卫生领域的基础知识、我国的科研成就，以及一位位科学家舍身忘我的感人故事。

化工卷 ▶

什么样的细丝能做"天梯"？什么样的药水能点"石"成"金"？什么样的口罩能防病毒？什么东西能吃能穿还能盖房子？……中国工程院院士金涌带你走进奇妙的化工王国，揭秘不可思议的化工现象，重温那些感人的科学家故事。

农业卷 ▶

"东方魔稻"是什么稻？怎样让米饭更好吃？茄子可以长在树上吗？未来能坐在家里种田吗？……中国工程院院士傅廷栋带你走进农业科学的大门，了解我国农业的重大创新与突破，体会中国科学家的智慧和精神，发现农田里那些令人赞叹的"科学魔法"。

林草卷 ▶

谁是林草界的"小矮人"？植物有"眼睛"吗？植物怎样"生宝宝"？为什么很多树要"系腰带"？果实为什么有酸有甜？……中国科学院院士匡廷云用启发的方式，带你发现植物的 17 个秘密，展示中国的林草科技亮点，讲述其背后的科研故事，给你向阳而生的知识和力量！

矿产卷 ▶

　　铅笔是用铅做的吗？石头也会开花吗？为什么"真金不怕火炼"？粮食的"粮食"是什么？什么金属能入手即化？……中国工程院院士毛景文带你开启矿产世界的"寻宝之旅"，讲述千奇百怪的矿产知识、我国在矿产方面取得的闪亮成就，以及一个个寻矿探宝的传奇故事。

交通运输卷 ▶

　　港珠澳大桥怎样做到"海底穿针"？高铁怎么做到又快又稳？青藏铁路为什么令世界震惊？假如交通工具开运动会，谁会是冠军？……中国工程院院士邓文中为你架构交通运输知识体系，揭秘中国的路为什么这么牛，讲述"中国速度"背后难忘的故事。

石油天然气卷 ▶

　　你知道泡泡糖里有石油吗？石油和天然气的"豪宅"在哪里？能源界的"黄金"是什么？石油会被用完吗？我国从"贫油国"到世界石油石化大国，经历了哪些磨难？……中国科学院院士金之钧带你全面了解石油、天然气领域的相关知识，揭开"能源之王"的神秘面纱。

气象卷 ▶

　　诸葛亮"借东风"是法术还是科学？能吹伤孙悟空火眼金睛的沙尘暴是什么？人类真的可以呼风唤雨吗？地球以外，哪里的气候适合人类居住？……中国科学院院士王会军带你透过千变万化的气候现象，洞察其背后的科学知识，了解不得不说的科考故事，感受气象科学的魅力。

材料与制造卷 ▶

　　难闻的汽车尾气可以"变干净"吗？金属也有"记忆"吗？牙齿也可以"打印"吗？五星红旗采用什么材料制作，才能在月球上成功展开？北斗卫星的"翅膀"里藏着什么秘密？……中国工程院院士潘复生带你了解材料与制造相关的科学知识，发现我国在该领域的新成果、新应用，展现有趣、有料的材料世界。

电力卷 ▶

电从哪里来？什么东西能发电？电怎样"存银行"？……中国工程院院士刘吉臻带你系统性学习电力相关的科学知识，揭秘身边的科学，解锁电力的奥秘，揭示中国电力的发展历史及取得的辉煌成就，了解科学家攻坚克难的故事，学习他们勇于探索的精神。

环境卷 ▶

什么样的土壤里会种出有毒的大米？地球"发烧"了怎么办？怎样把"水泥森林"变成花园城市？绿水青山为什么是金山银山？……中国科学院院士朱永官带你从日常生活出发，探寻地球环境的奥秘，了解中国科学家在解决全球性环境问题方面所做出的巨大贡献。

（待出版）

航空卷 ▶

飞机为什么会飞？飞机飞行时没油了怎么办？飞机看得远，是长了千里眼吗？……本书由张彦仲、房建成、向锦武三位院士共同主笔，选取了17个航空领域的主题，通过生动的插图和翔实的"小贴士"，展现了我国航空领域强大的自主创新能力和科学家精神。

水利卷 ▶

水怎么才能穿越沙漠？水也会孙悟空的七十二变吗？黄河水是怎么变黄的？建造三峡大坝时是怎么截断长江水的？水电行业的"珠穆朗玛峰"在哪里？我国在水利方面有哪些世界第一？中国工程院院士王浩为你展示神奇又壮观的水利世界，激发小读者对浩荡水世界的浓厚热情。

（待出版）

（待出版）

建筑卷 ▶

我们的祖先最早只住在山洞里吗？你知道故宫有多牛吗？各地的房子为什么长得不一样？我们能用机器人盖房子吗？火星上能建房子吗？未来的房子会是什么样子呢？……中国工程院院士刘加平带领大家探索各种建筑的秘密，希望你们长大后加入建设美好家园的队伍。